IMPRESS NextPublishing

技術の泉シリーズ

Google Earth Engine

aogorou 著

を用いた

衛星データ解析入門

衛星データの解析にチャレンジ！

技術の泉
SERIES

インプレス

JN121571

目次

まえがき

この技術書について

　近年、自然災害や異常気象、環境問題といったワードをよく目にします。これらの問題に対しては、発生前と発生後の変化をとらえることは非常に重要です。その変化を捉える方法の一つとして、地球観測衛星によるリモートセンシングがあげられます。地球観測衛星は定期的に地球を周回し、その地表面の様子を撮影するため、時系列による変化を捉えることができます。

　地球観測衛星のデータを利用する場合、データを配布している機関から収集してくる必要がありました。そのため、複数の衛星を利用する場合、それぞれの機関ごとに作業が発生するため、手間がかかっていました。また、大量の衛星データを使用した解析を行う場合、ストレージやマシンスペックがネックになり、敷居が高いという問題がありました。

　しかし、近年 Google 社から Google Earth Engine というサービスがリリースされたことで、衛星データ利用の敷居が低くなってきています。この Google Earth Engine を利用すると Google のクラウド上でデータの収集から解析までを行うことができるようになり、さらに複数の地球観測衛星の衛星データが利用できます。

　本書は Google Earth Engine を用いた人工衛星の観測データの利用方法についてまとめました。最後までお読みいただくと、以下のことが出来るようになります。

図 1: NDVI のヒートマップ

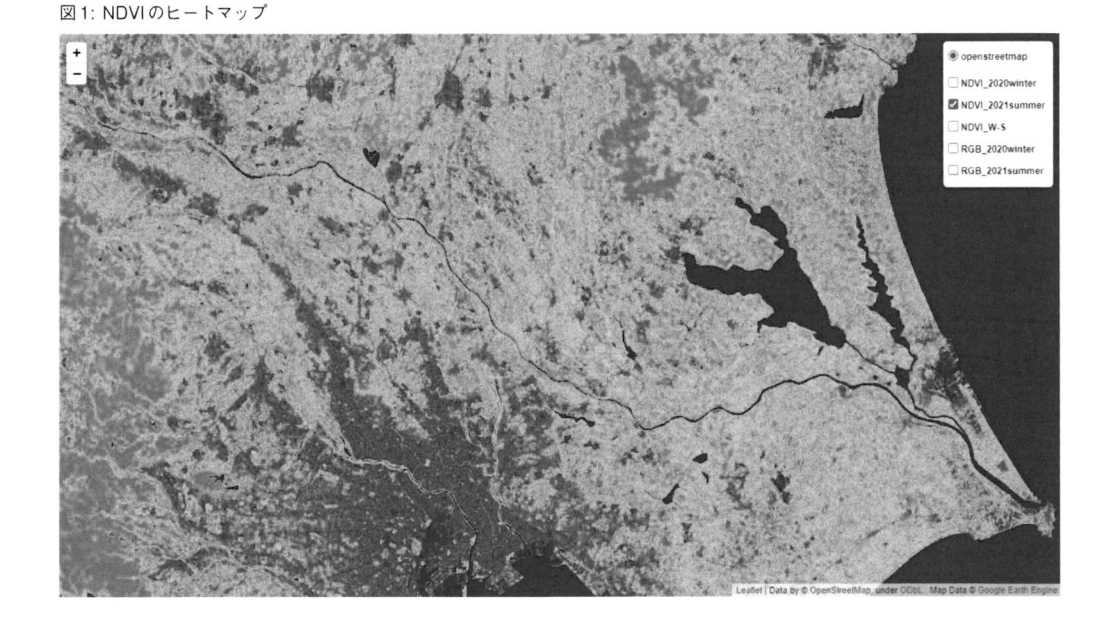

図2: NDVIの時系列変化

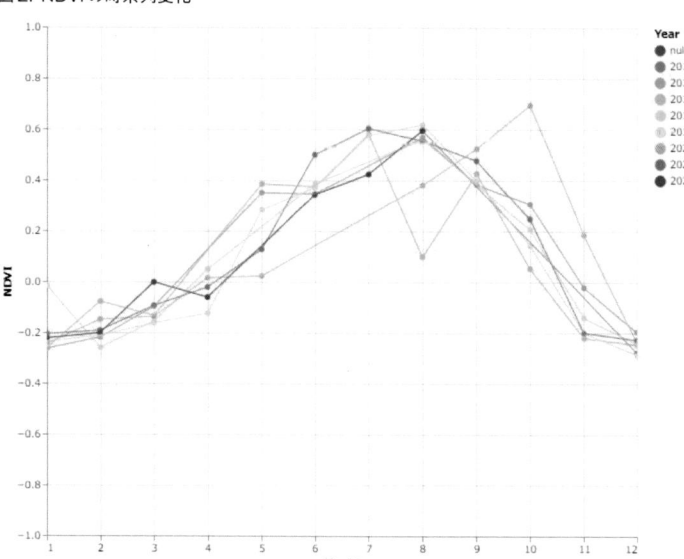

図3: 衛星画像のタイムラプス

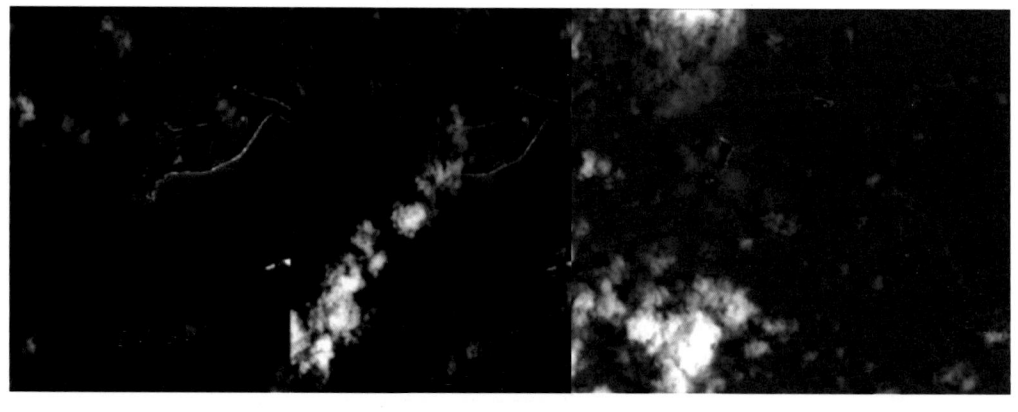

対象読者

・衛星データ解析を扱ったことがないが興味がある人

・地球環境の変動に興味がある人

・自分の研究に地球規模のマクロな視点を取り入れたい人

動作確認済み環境

本書は以下の環境において正常に動作することを確認済みです。

・macOS Monterey(12.4)

・Windows 11(22H2)

・Python 3.10.11

・earthengine-api 0.1.350

表記関係について

本書に記載されている会社名、製品名などは、一般に各社の登録商標または商標、商品名です。
会社名、製品名については、本文中では©、®、™マークなどは表示していません。

第1章 Google Earth Engineを使った衛星データ解析の始め方

1.1 Google Earth Engine について

Google Earth Engine（以下GEE）は、Googleのクラウドを利用して衛星画像データの入手や解析が可能なサービスで、研究や教育活動では無料で利用することができます。

これまでの人工衛星のデータ利用は、衛星を所有する各機関への利用登録、衛星画像データのダウンロード、専用のソフトウェアによる描画に解析と多くの作業が必要で、さらに一連の作業が衛星画像1枚ごとに発生していました。しかし、GEEの登場によりすべてGoogleのクラウド上で完結することができるようになりました。

それでは、GEEを利用するための第一歩として、まずは利用登録方法を紹介します。

GEEの利用登録まで

こちらのGEEの公式サイトにアクセスし「Sign Up」をクリックします。クリックしたらGoogleアカウントのログインが求められるので、適当なアカウントでログインします。

https://earthengine.google.com/

図 1.1: GEE のトップ画面

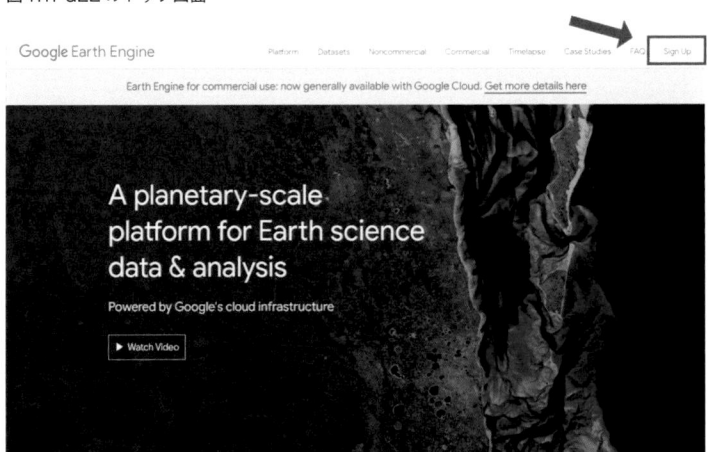

次に利用者の名前・所属・所属機関の区分・居住国・利用用途を入力し、利用規則を確認後、「SUBMIT」をクリックします。

GEEは研究や教育活動では無料ですが、GEEを利用したアプリ販売などの商用利用は有償利用登録が必要となるので注意が必要です。

Sign up for Earth Engine

If you'd like to become an Earth Engine developer, please sign up by providing the following information. We can't accept all applications, so please fill out all fields as best you can so we can approve your request for access. If you are accepted, you will receive an email within one week.

If you are interested in commercial use of Earth Engine, you can find out more.

To facilitate the approval process, we suggest that you sign up with an email associated with your organization. Tip: You don't need a Gmail account to create a Google Account. You can use your non-Gmail email address to create one instead.

Email

Want to use a different account? Log out or use an Incognito tab.

Full name *
Please tell us your first and last name.

Affiliation/Institution *   Institution type *
Which organization are you a part of? Give a homepage   Select the best description for your institution, or choose
URL if possible.   Other and clarify.

Country/Region *
United States
Please tell us where you live.

What would you like to accomplish with Earth Engine? *
Please describe in a few sentences how you intend to use Earth Engine.

This sign-up page is for noncommercial and research use of Earth Engine.

☐ I agree that my use of the Earth Engine services and related APIs is subject to my compliance with the applicable Terms of Service. In particular, I acknowledge that creating multiple Earth Engine accounts to circumvent quota restrictions is a violation of the Terms of Service.

☐ 私はロボットではあり
ません   reCAPTCHA
プライバシー - 利用規約

SUBMIT

　利用登録が完了したら、Google から「Welcome to Google Earth Engine!」という件名のメールが届き、確認後利用できます。

第2章　Pythonを使ったGoogle Earth Engineの基本的な操作

2.1　ローカル環境でGEEを利用するまでの準備

GEEはJavaScriptまたはPythonでプログラミングできます。JavaScriptにはCode Editorというブラウザ上で操作可能なツールが用意されており、直感的に操作を行うことができますが、大量のデータを扱う際には一つ一つのタスク実行確認が発生するため、大規模なデータ解析に不向きな場面があります。

反対に、PythonにGEEのライブラリをインストールすればこの点は解消されます。さらにTensorFlowやPyTorchといった機械学習のツールにも容易に連携することができます。また、ローカル環境のPythonから操作することもできます。本書ではPythonからGEEを操作する方法について説明します。

それでは、ローカル環境のPythonからGEEを操作するための準備を行います。

まず、pip を使ってGEEのパッケージをインストールします。WindowsではPowerShellもしくはコマンドプロンプトから、Macではターミナルを使います。

```
$ pip install earthengine-api
```

Successfullyという文言が表示されたらインストール完了です。

しかし、このままではまだGEEのライブラリは利用できません。GEEはGoogleCloudの認証を利用しているため、Google Cloud CLIの設定を行う必要があります。

Google Cloud CLIの設定 (Windowsの場合)

まずはWindowsの設定から紹介します。

PowerShellを開き下記コマンドを実行しインストーラをダウンロードします。

PowerShell
```
(New-Object Net.WebClient).DownloadFile("https://dl.google.com/dl/cloudsdk/chann
els/rapid/GoogleCloudSDKInstaller.exe", "$env:Temp\GoogleCloudSDKInstaller.exe")

& $env:Temp\GoogleCloudSDKInstaller.exe
```

コマンドを実行するとインストーラを起動し、以下のような画面が表示されるため、指示に従ってインストールを進めていきます。

ここでは「Next」をクリックします。

図2.1: Google Cloud CLIインストーラ起動後の画面

次にライセンスの規約が表示されるので、読んだ後に「I Agree」をクリックします。

図2.2: Google Cloud CLIのライセンス画面

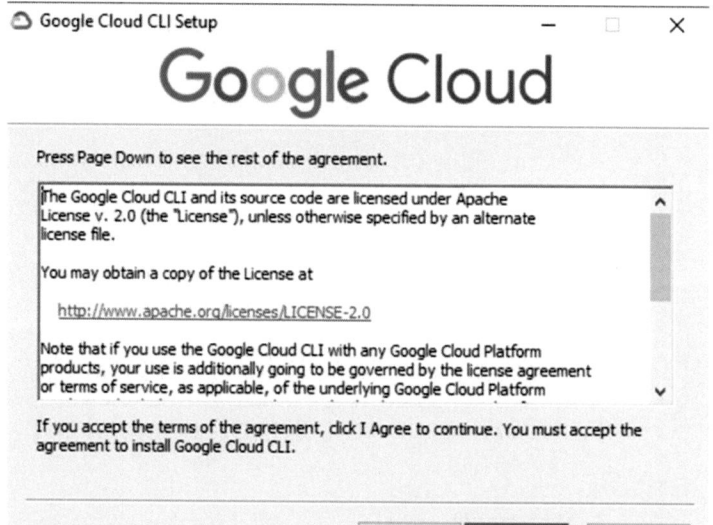

次にインストールするユーザが選べます。Pythonをインストールしてあるユーザを選択します。選択したら「Next」をクリックします。

図2.3: Google Cloud CLI をインストールするユーザ確認

インストール先のフォルダを選択し、「Next」をクリックします。

図2.4: Google Cloud CLI をインストールするフォルダ設定

インストールするコンポーネントの選択を行い、「Install」をクリックします。特にこだわりがなければ、以下の画面のとおりのデフォルトのままでOKです。

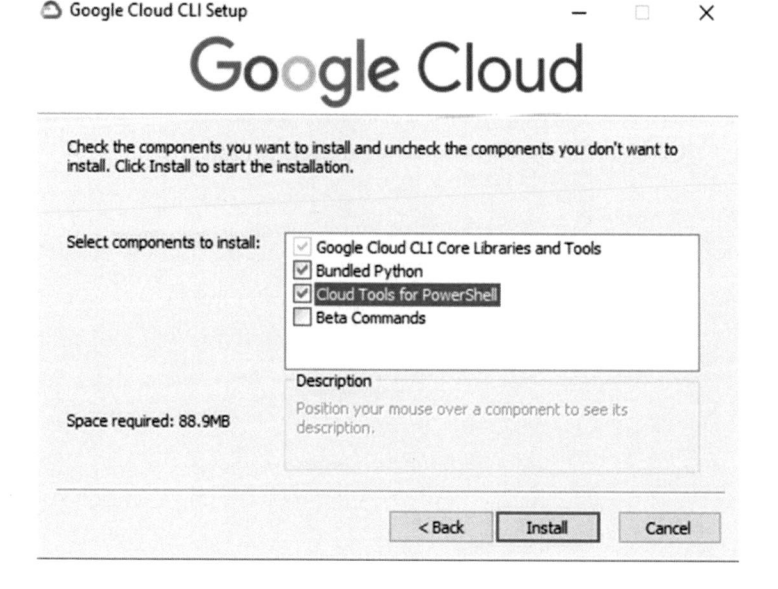

「Google Cloud CLI had been installed!」というメッセージが表示されればインストール完了です。「Next」をクリックします。

図2.6: Google Cloud CLIインストール完了画面

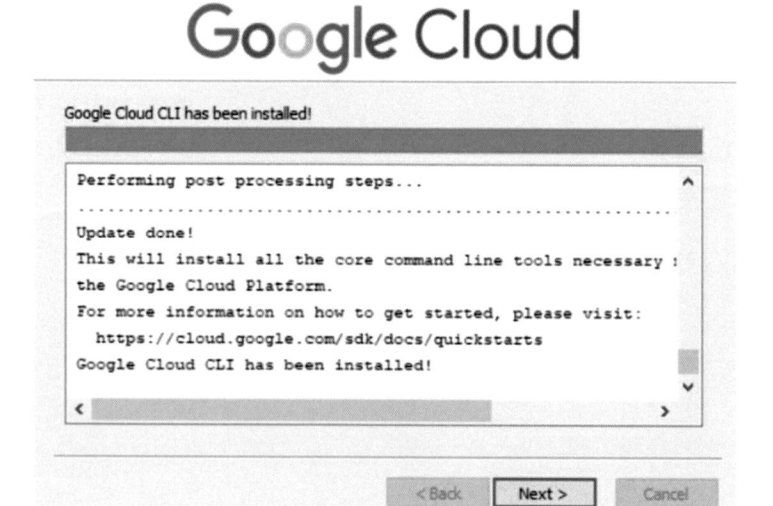

　以下のようなセットアップ画面が表示されるため、下の2つのチェックボックスにチェックを入れた状態で「Finish」をクリックします。

図2.7: Google Cloud CLI セットアップ完了画面

Google Cloud CLI Setup —

Completing Google Cloud CLI Setup

Google Cloud CLI has been installed on your computer.

Click Finish to close Setup.

☑ Create Start Menu shortcut
☑ Create Desktop shortcut
☑ Start Google Cloud SDK Shell
☑ Run 'gcloud init' to configure the Google Cloud CLI

[< Back] [**Finish**] [Cancel]

Google Cloud SDK Shell が起動し、アカウントにログインするか尋ねられるので「Y」を入力し、Enter キーを押します。

図2.8: Google Cloud SDK Shell の起動画面

```
C:\Windows\SYSTEM32\cmd.exe - gcloud  init                                      —  □  ×
Welcome to the Google Cloud CLI! Run "gcloud -h" to get the list of available commands.
...
Welcome! This command will take you through the configuration of gcloud.

Your current configuration has been set to: [default]

You can skip diagnostics next time by using the following flag:
  gcloud init --skip-diagnostics

Network diagnostic detects and fixes local network connection issues.
Checking network connection...done.
Reachability Check passed.
Network diagnostic passed (1/1 checks passed).

You must log in to continue. Would you like to log in (Y/n)?  _
```

ブラウザが起動し Google アカウントへのログインが求められるため、GEE に登録したアカウントでログインを行います。

図2.9: SDK へのログイン

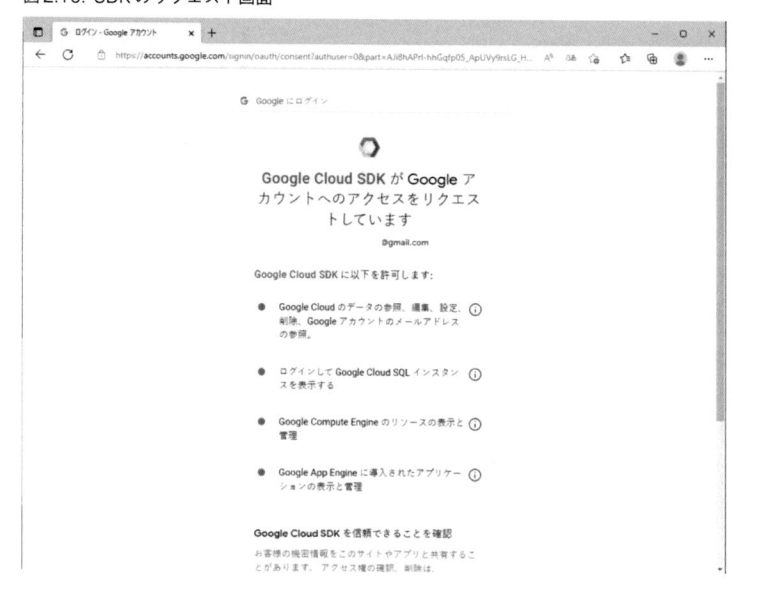

Google Cloud SDK のリクエストが求められるので、画面下にある「許可」をクリックします。

図2.10: SDK のリクエスト画面

無事に許可されると以下のようなページに飛びます。

図2.11: SDKのリクエストが完了

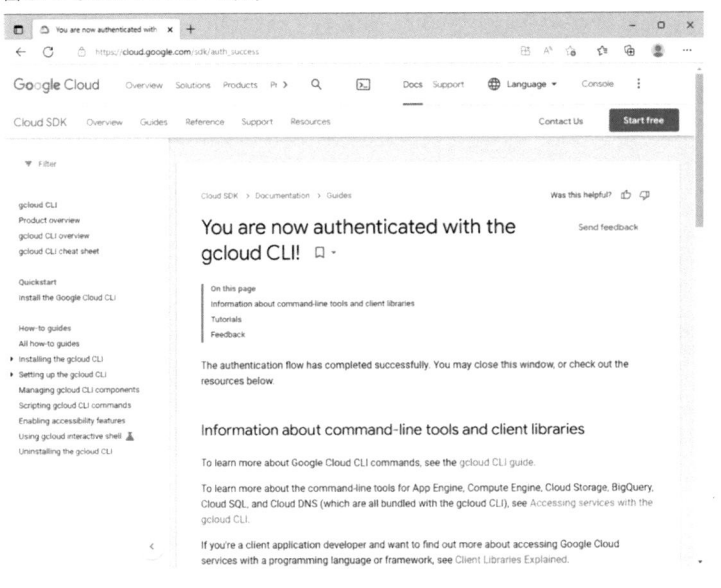

　Google Cloud SDK Shellに戻るとログインした旨とGoogle Cloudにプロジェクトを設定していない場合は「Wuold you like to create one?」というメッセージが表示されるため「Y」を入力しEnterキーを押します。

図2.12: GCPのプロジェクトの設定

　次に6~30字で適当な名前を入力し、Enterキーを押します。

図2.13: GCPのプロジェクト名の入力

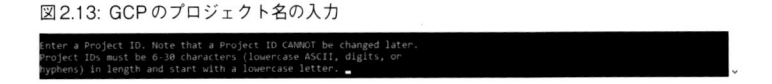

　以下のような「Your Google Cloud SDK is configured and ready to use!」というメッセージが表示されれば準備完了です。

図2.14: SDK 設定の完了

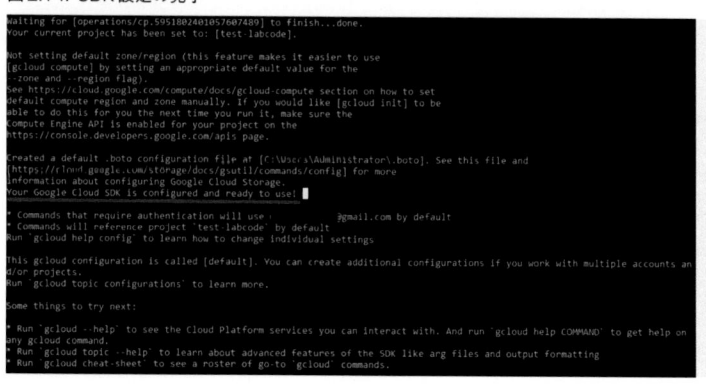

※ 逆に以下のように失敗する場合があります。その場合は一度Google Cloudコンソールにアクセスする必要があります。

図2.15: SDK 設定が失敗した場合のメッセージ

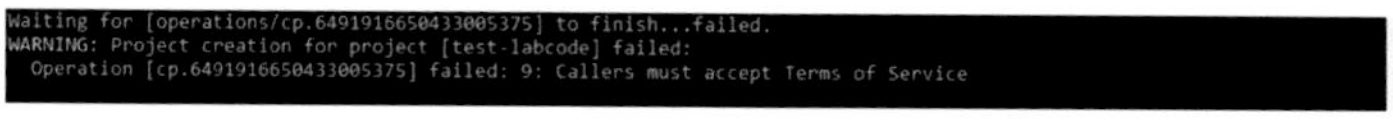

```
Waiting for [operations/cp.6491916650433005375] to finish...failed.
WARNING: Project creation for project [test-labcode] failed:
  Operation [cp.6491916650433005375] failed: 9: Callers must accept Terms of Service
```

Google Cloudコンソールへのアクセスは、ブラウザに戻り右上の「Console」をクリックします。

図2.16: Google Cloud コンソールへの移動

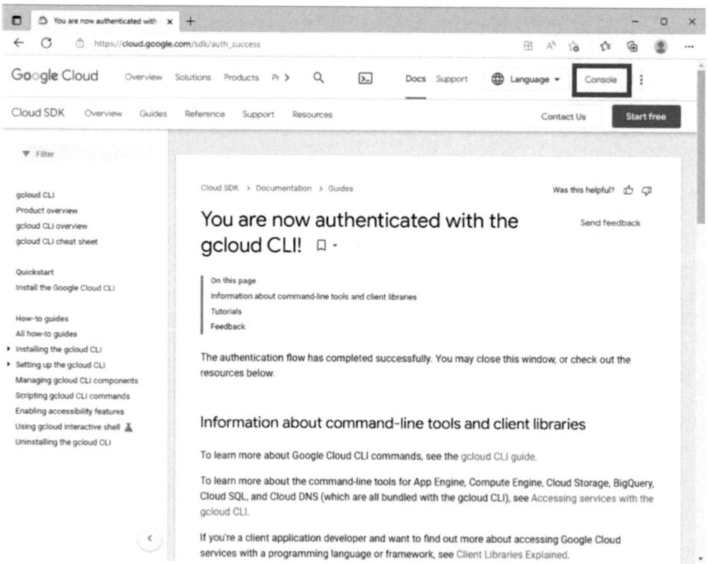

Google Cloudのコンソールに画面が遷移すると以下のウィンドウが表示されるため、規約に同意するにチェックをつけ、「同意して続行」をクリックします。この作業が完了すれば、Google Cloud SDK Shellでの設定が可能になるので、再度SDK Shellの起動から実施します。

図 2.17: SDK Shell の許可

Google Cloud CLI の設定 (Mac の場合)

　Google Cloud CLI インストーラを公式サイトからダウンロードします。

https://cloud.google.com/sdk/docs/install?hl=ja

　インストーラは使用している Mac によって種類が異なるので注意が必要です。今回は Apple silicon の Mac を使用しているため、「google-cloud-cli-414.0.0-darwin-arm.tar.gz」をダウンロードします。

図 2.18: Mac の CLI インストーラー選択画面

プラットフォーム	パッケージ	サイズ	SHA256 チェックサム
macOS 64 ビット (x86_64)	google-cloud-cli-414.0.0- darwin-x86_64.tar.gz	99.9 MB	e11cec01d749e16ec2c847c86894b50 221502a63dc9bef9229f8d7a9b614d5 ce
macOS 64 ビット (ARM64, Apple M1 silicon)	google-cloud-cli-414.0.0- darwin-arm.tar.gz	98.3 MB	905a15dfd03b195b9f7114535769031 3b0006bc52757fb55f3ac02999fec7a8 6
macOS 32 ビット (x86)	google-cloud-cli-414.0.0- darwin-x86.tar.gz	110.9 MB	39101d0d5921ea3b3f34c6ca8dd6058 34272f9546cab2feae0be13b582e2efc 7

今回はデスクトップ配下に labcode というフォルダを作成し、ダウンロードしたファイルを配置します。次にターミナルを開き、以下のコマンドでファイルを解凍します。

```
$ cd Desktop/labcode
$ tar xvf google-cloud-sdk-245.0.0-darwin-x86_64.tar.gz
```

解凍したファイルにインストールスクリプトが含まれているので、以下のコマンドで実行します。途中でいくつか質問があるので「Y」を入力していき、インストールを進めます。

```
$ ./google-cloud-sdk/install.sh
```

途中で PATH を設定するかが聞かれるので、そのまま return キーを押します。

```
Enter a path to an rc file to update, or leave blank to use
[/Users/<ユーザ名>/.zprofile]:
```

インストールが完了したら下のコマンドを実行し、PATH が設定されたことを確認します。

```
$ cat ~/.zprofile
```

PATH がうまく設定されていれば、以下のような行が追加されています。

図 2.19: PATH の確認

```
# The next line updates PATH for the Google Cloud SDK.
if [ -f '/Users/ <ユーザ名> /gcp/google-cloud-sdk/path.zsh.inc' ]; then . '/Us
ers/ <ユーザ名> /gcp/google-cloud-sdk/path.zsh.inc'; fi

# The next line enables shell command completion for gcloud.
if [ -f '/Users/ <ユーザ名> /gcp/google-cloud-sdk/completion.zsh.inc' ]; then
. '/Users/ <ユーザ名> /gcp/google-cloud-sdk/completion.zsh.inc'; fi
```

次に以下のように gcloud init を実行します。実行後は Windows での Google Cloud SDK Shell と同様に設定していきます。

```
$ ./google-cloud-sdk/bin/gcloud init
```

2.2　GEEを使ってNDVIを地図上にプロットする

　GEEの初期設定が完了したので、まずは衛星画像データ利用で一般的なNDVIを扱ってみます。

NDVIについて

　人工衛星のひとつである地球観測衛星は、地表面に何が存在するかという情報をさまざまなセンサを利用して観測しています。観測センサのひとつである光学センサは、地表面からの反射光を撮影し、可視光線から近赤外線の各波長の反射強度の違いから、地表面に何が存在するのかを判別します。地球の地表面は主に植物、土壌、水（海）からなっており、次に示すグラフのようなの反射スペクトルをしています。

図2.20: 代表的な反射スペクトル

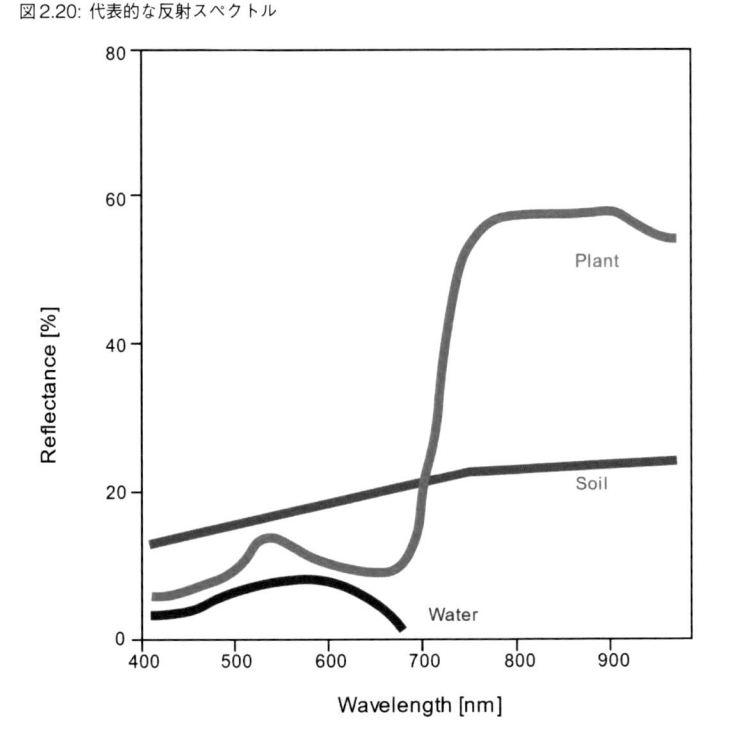

　植生調査では、下記に示すようなNDVI（Normalized Difference Vegetation Index:正規化植生指数）という指標が利用されています。この指標を用いることで、土壌や海水、建物などの人工物と植生の状態が判別できます。

　NDVI = NIR-RED/NIR+RED

　NIR:近赤外線の反射率、RED:赤色光の反射率

今回は無料で利用可能である点、比較的分解能が高い点、赤色光と近赤外線の光学センサを積んでいる点から、ESA の Sentinel-2 という衛星のデータを利用します。

ライブラリの準備（Python）

pip を使って今回使用するライブラリをインストールします。

```
$ pip install colorcet  # カラーバーを作成するライブラリ
$ pip install folium  # 地図を作成するライブラリ
```

Successfully という文言が表示されたらインストール完了です。

ソースコード

python
```python
import colorcet as cc
import ee
import folium


# GEEの認証
ee.Authenticate()
ee.Initialize()


# foliumマップにGEEを表示させる関数
def add_ee_layer(self, ee_image_object, vis_params, name):
    map_id_dict = ee.Image(ee_image_object).getMapId(vis_params)
    folium.raster_layers.TileLayer(
        tiles=map_id_dict['tile_fetcher'].url_format,
        attr='Map Data &copy; <a href="https://earthengine.google.com/">Google
Earth Engine</a>',
        name=name,
        overlay=True,
        control=True
    ).add_to(self)


# 雲に覆われているピクセルの補正処理関数
def maskS2clouds(image):
    qa = image.select('QA60')
    cloudBitMask = 1 << 10
    cirrusBitMask = 1 << 11
    mask = qa.bitwiseAnd(cloudBitMask).eq(0) and qa.bitwiseAnd(cirrusBitMask).eq
(0)
```

```python
    return image.updateMask(mask).divide(10000)

# NDVIの計算用関数
def calc_ndvi(image):
    return ee.Image(image.expression(
    '(NIR-RED)/(NIR+RED)', {
        'RED': image.select('B4'),
        'NIR': image.select('B8')
}))

# Sentinel-2のデータの収集
Sentinel2 = ee.ImageCollection('COPERNICUS/S2_SR_HARMONIZED')

# 冬と夏の情報を抽出
winter = Sentinel2.filterDate('2020-12-01','2021-02-28').filter(ee.Filter.lt('CL
OUDY_PIXEL_PERCENTAGE',20)).map(maskS2clouds)
summer = Sentinel2.filterDate('2021-07-01','2021-09-30').filter(ee.Filter.lt('CL
OUDY_PIXEL_PERCENTAGE',20)).map(maskS2clouds)

# NDVIと中央値の計算
ndvi_winter = winter.map(calc_ndvi)
ndvi_winter = ndvi_winter.median()
ndvi_summer = summer.map(calc_ndvi)
ndvi_summer = ndvi_summer.median()

# NDVIの夏と冬の値の差を計算
ndvi = ndvi_summer.subtract(ndvi_winter)

# マップの中心に表示する緯度経度
lat, lon = 36.0, 140.0

# カラーバーの設定
visualization = {
    'min': 0.0,
    'max': 1.0,
    'palette': cc.rainbow
}

# マップを表示した際の初期位置と拡大値の設定
my_map = folium.Map(location=[lat, lon], zoom_start=10)
```

```
# foliumマップにadd_ee_layer関数を追加
folium.Map.add_ee_layer = add_ee_layer

# foliumマップに計算したNDVIを表示させる
my_map.add_ee_layer(ndvi_winter, visualization, 'NDVI_2020winter')
my_map.add_ee_layer(ndvi_summer, visualization, 'NDVI_2021summer')
my_map.add_ee_layer(ndvi, visualization, 'NDVI_W-S')

# RGBの表示設定
visualization_RGB = {
    'min': 0.0,
    'max': 0.3,
    'bands': ['B4', 'B3', 'B2']
}

# foliumマップにRGBを表示させる
my_map.add_ee_layer(winter.median(), visualization_RGB, 'RGB_2020winter')
my_map.add_ee_layer(summer.median(), visualization_RGB, 'RGB_2021summer')

# 複数のマップを重ね合わせる
my_map.add_child(folium.LayerControl(collapsed = False).add_to(my_map))

# マップの保存
my_map.save('ndvi_test.html')
```

上記のコードを ndvi_test.py という名前で Desktop/LabCode/python/satellite-analysis ディレクトリに保存します。

プログラムの実行

Windows では PowerShell、Mac ではターミナルを開き

```
$ cd Desktop/labcode/python/satellite-analysis
```

と入力し、ディレクトリを移動します。あとは以下のコマンドを実行します。

```
$ python ndvi_test.py
```

すぐに ndvi_test.html というファイルが作成されていると思います。

実行結果

　上記のプログラムで作成した **ndvi_test.html** ファイルを開くと、関東平野を中心とした次のような地図が表示されるはずです。この状態では右上のレイヤーのチェックボックスがすべてチェックされているため、一番下の **RGB_2021summer** が表示された状態です。

図 2.21: Sentinel-2 の RGB 画像

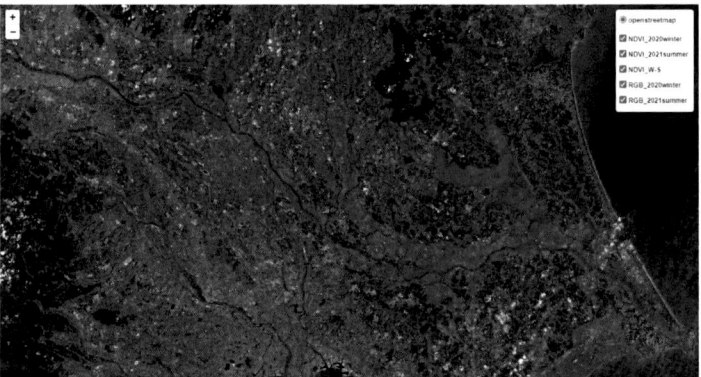

　次にチェックボックスの NDVI_2021summer のみにチェックをいれた状態にすると、次のような地図が表示されます。今回作成したカラーバーでは青→緑→黄色→赤の順に NDVI の値が高くなっています。表示した範囲ではおそらく黄色やオレンジ色の場所が植物が繁茂している場所と判断できそうです。

図 2.22: 2021 年夏の NDVI ヒートマップ

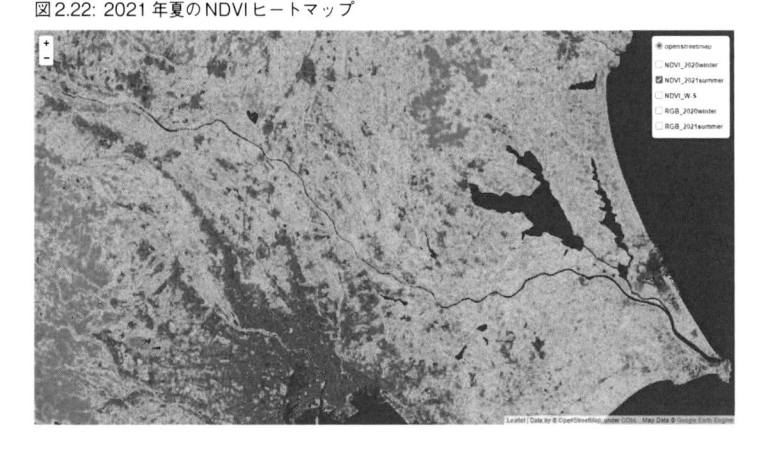

　最後に NDVI_W-S の確認をします。この地図では NDVI が冬から夏にかけて増加した場所が強調されます。そのため落葉樹や田畑といった季節によって大きく状態が変化する植物が存在する場所が確認できます。表示した範囲では赤の円で囲った部分に赤く強調されたところが存在します。

図 2.23: 冬から夏にかけての NDVI の変化を示したヒートマップ

　拡大すると次のような地図が表示できます。この場所は印旛沼という千葉の沼で、ヒシという水面に浮遊する植物が夏場に繁茂するようです。周りの田畑に比べて赤く表示されているのは、土壌より水のほうが赤外線を多く吸収するため、沼である印旛沼の NDVI の季節差が大きくなった影響と予想できます。

図 2.24: 印旛沼付近の NDVI の変化

2.3　コードの解説

python

```python
import colorcet as cc
import ee
import folium


ee.Authenticate() # Google認証トークンの取得と設定
ee.Initialize() # APIセッションの初期化
```

　ここでは、今回使用するモジュールのインポートとGEEの操作をするための認証処理、APIセッションの初期化を行います。

　初めてGEEの操作を行う場合、eeモジュールのAuthenticate関数を用いてGoogleの認証トークンを取得する必要があります。プログラム実行時にはGoogleへのログインとトークン発行を行います。2回目の実行以降は不要です。反対にInitialize関数は毎回実行する必要があります。

python

```python
def add_ee_layer(self, ee_image_object, vis_params, name):
    map_id_dict = ee.Image(ee_image_object).getMapId(vis_params) # 表示させるGEEの
画像
    folium.raster_layers.TileLayer(
        tiles=map_id_dict['tile_fetcher'].url_format, # 表示するマップタイルの設定
        attr='Map Data &copy; <a href="https://earthengine.google.com/">Google
Earth Engine</a>', # 地図に重ねる衛星データの権利者の表示設定
        name=name, # 地図に重ね合わせるデータの名前
        overlay=True, # マップタイルにレイヤーとして重ね合わせる設定
        control=True # レイヤー操作を可能にする設定
    ).add_to(self)
```

　foliumのマップにGEEの画像データを読み込ませて表示させる関数を定義します。5行目のattrはマップデータに表示する権利者の設定です。今回は衛星画像データ入手先のGEEを設定します。7行目のoverlayと8行目のcontrolは作成したNDVIのデータを地図上でレイヤーとして表示させる設定になります。

　この設定で下記のように表示させたいデータをチェックボックスとして選択できるようになります。

図2.25: チェックボックス一覧

python
```python
def maskS2clouds(image):
    qa = image.select('QA60') # 雲データマスク処理用のバンドを抽出
    cloudBitMask = 1 << 10 # 雲の情報
    cirrusBitMask = 1 << 11 # 巻雲の情報
    mask = qa.bitwiseAnd(cloudBitMask).eq(0) and qa.bitwiseAnd(cirrusBitMask).eq
(0) # マスク処理用の変数の定義
    return image.updateMask(mask).divide(10000) # マスク処理した画像データを返す
```

　雲ピクセルを補正する関数を定義します。今回利用するSentinel-2のデータには雲補正用のデータが「QA60」として用意されています。QA60では雲の情報がBit 10とBit 11として割り当てられており、それぞれが1を取るとき雲が存在すると判断されます。5行目ではそれぞれが0を取り雲が存在しない場合を1、それ以外の場合を0とする変数を定義します。6行目のreturn分で雲が存在するピクセルをマスクした画像データを返します。

python
```python
def calc_ndvi(image):
    return ee.Image(image.expression(
    '(NIR-RED)/(NIR+RED)', { # NDVIの計算
        'RED': image.select('B4'), # 赤色光データの抽出
        'NIR': image.select('B8') # 近赤外線データの抽出
}))
```

　NDVI計算用の関数を定義します。Sentinel-2ではB4が665 nmの赤色光、B8が833 nmの近赤外線の情報を持っています。

```python
# Sentinel-2のデータの収集
Sentinel2 = ee.ImageCollection('COPERNICUS/S2_SR_HARMONIZED')

# 冬と夏の情報を抽出
winter = Sentinel2.filterDate('2020-12-01','2021-02-28').filter(ee.Filter.lt('CL
OUDY_PIXEL_PERCENTAGE',20)).map(maskS2clouds)
summer = Sentinel2.filterDate('2021-07-01','2021-09-30').filter(ee.Filter.lt('CL
OUDY_PIXEL_PERCENTAGE',20)).map(maskS2clouds)
```

2行目のee.ImageCollection('COPERNICUS/S2**SR**HARMONIZED')でSentinel-2のデータを収集します。

5行目、6行目で収集したデータから目的に合致したデータを抽出します。

今回は季節の植生変化をとらえるために冬と夏の期間を`.filterDate`で指定します。さらに`.filter(ee.Filter.lt('CLOUDY_PIXEL_PERCENTAGE',20))`で被雲率が20%以下のデータを抽出し、`.map(maskS2clouds)`で雲ピクセルの補正を行います。

```python
# NDVIと中央値の計算
ndvi_winter = winter.map(calc_ndvi)
ndvi_winter = ndvi_winter.median()
ndvi_summer = summer.map(calc_ndvi)
ndvi_summer = ndvi_summer.median()

# NDVIの夏と冬の値の差を計算
ndvi = ndvi_summer.subtract(ndvi_winter)
```

先ほどデータ抽出をおこなったwinterとsummerのNDVIを計算し、それぞれの中央値を計算します。

8行目では冬と夏のNDVIの中央値の差を計算します。これにより、冬から夏にかけて植生が大きく変化した場所が分かります。

```python
# マップの中心に表示する緯度経度
lat, lon = 36.0, 140.0

# カラーバーの設定
visualization = {
    'min': 0.0,
    'max': 1.0,
```

```python
    'palette': cc.rainbow
}


# マップを表示した際の初期位置と拡大値の設定
my_map = folium.Map(location=[lat, lon], zoom_start=10)


# foliumマップにadd_ee_layer関数を追加
folium.Map.add_ee_layer = add_ee_layer


# foliumマップに計算したNDVIを表示させる
my_map.add_ee_layer(ndvi_winter, visualization, 'NDVI_2020winter')
my_map.add_ee_layer(ndvi_summer, visualization, 'NDVI_2021summer')
my_map.add_ee_layer(ndvi, visualization, 'NDVI_W-S')


# RGBの表示設定
visualization_RGB = {
    'min': 0.0,
    'max': 0.3,
    'bands': ['B4', 'B3', 'B2'] # RGB作成用の赤・緑・青光データの抽出
}


# foliumマップにRGBを表示させる
my_map.add_ee_layer(winter.median(), visualization_RGB, 'RGB_2020winter')
my_map.add_ee_layer(summer.median(), visualization_RGB, 'RGB_2021summer')


# 複数のマップを重ね合わせる
my_map.add_child(folium.LayerControl(collapsed = False).add_to(my_map))


# マップの保存
my_map.save('ndvi_test.html')
```

　最後に計算結果をマップにプロットし保存します。

第3章　衛星画像データをダウンロードする

3.1　GEEから衛星画像データをダウンロードする方法

　GEEのAPIを利用すればクラウド上で様々な衛星データの解析が完結し、画像データをダウンロードする機会はあまり発生しません。

　そのため、元データをローカル環境で解析を行う場合、別途ダウンロードしてくる必要があります。GEEからは直接ローカル環境にダウンロードできないため、一度クラウドのストレージ上に保存する必要があります。

　エクスポート先に指定可能なストレージはGoogle Drive、Google Storage、GEE assetのいずれかになります。

　GEEにはこれらのストレージにエクスポートするためのAPIが存在するため、それを利用したダウンロード方法について紹介します。

3.2　衛星画像データをGoogle Drive上に保存する

　PythonのAPIを利用して、GoogleDrive上に衛星データをエクスポートします。

　下記のコードを gee_todrive.py という名前で Desktop/labcode/python/gee ディレクトリに保存します。

python

```python
import ee

# GEEの認証
# ee.Authenticate()
ee.Initialize()

# 雲に覆われているピクセルの補正処理関数
def cloudMasking(image):
    qa = image.select('QA60')
    cloudBitMask = 1 << 10
    cirrusBitMask = 1 << 11
    mask = qa.bitwiseAnd(cloudBitMask).eq(0) and qa.bitwiseAnd(cirrusBitMask).eq
(0)
    return image.updateMask(mask).divide(10000)

# 衛星データをGoogleDriveにエクスポートする関数
def ImageExport(image,description,folder,region,scale):
```

```
    task = ee.batch.Export.image.toDrive(image=image,description=description,fol
der=folder,region=region,scale=scale)
    task.start()

# 緯度経度、データを扱う衛星の設定
rect_region = ee.Geometry.Rectangle([139.91809844970703,35.547311987963084,
139.66129302978516,35.746512259918504])
sentinel2 = ee.ImageCollection('COPERNICUS/S2_SR_HARMONIZED').filterBounds(rect_
region).filter(
    ee.Filter.lt('CLOUDY_PIXEL_PERCENTAGE',20)).filterDate('2022-01-01',
'2022-01-31').map(cloudMasking)

s2_detail = sentinel2.getInfo()
for i in s2_detail['features']:
    s2_name = i['properties']['system:index']
    forimage = ee.Image('COPERNICUS/S2_SR_HARMONIZED/'+s2_name).select(['B2','B3
','B4','B8','B11','B12'])
    ImageExport(forimage.reproject(crs='EPSG:4326',scale=10),s2_name,'gee_data',
rect_region,10)
```

プログラムを実行する

　WindowsではPowerShell、Macではターミナルを開き

```
$ cd Desktop/labcode/python/gee
```

　と入力し、ディレクトリを移動します。あとは以下のコマンドを実行するだけです（$マークは無視してください）。

```
$ python gee_todrive.py
```

実行結果

　GEEに登録しているGoogleアカウントのDrive上に~/MyDrive/gee_dataというディレクトリが作成され、中に`20220102T013051_20220102T013047_T54SUE.tif`や`20220112T013031_20220112T013025_T54SUE.tif`というtifファイルが格納されていればエクスポート成功です。

　次にtifファイルの内容確認を行います。tifファイルは必要に応じてGoogleDriveからローカル環境にダウンロードします。今回は`~/Desktop/labcode/python/gee`にダウンロードします。

ダウンロードした tif ファイルは GeoTIFF というフォーマットで位置情報が埋め込まれています。そのままではサイズ量も大きく開けない場合があるので、QGIS というソフトウェアで内容の確認を行います。

QGIS のダウンロード

QGIS は GIS 解析が行えるフリーソフトウェアです。以下のサイトからインストーラーをダウンロードします。

https://qgis.org/ja/site/forusers/download.html

Windows の場合

インストーラーを起動し、「Next」をクリックします。

図 3.1: QGIS のインストーラー画面

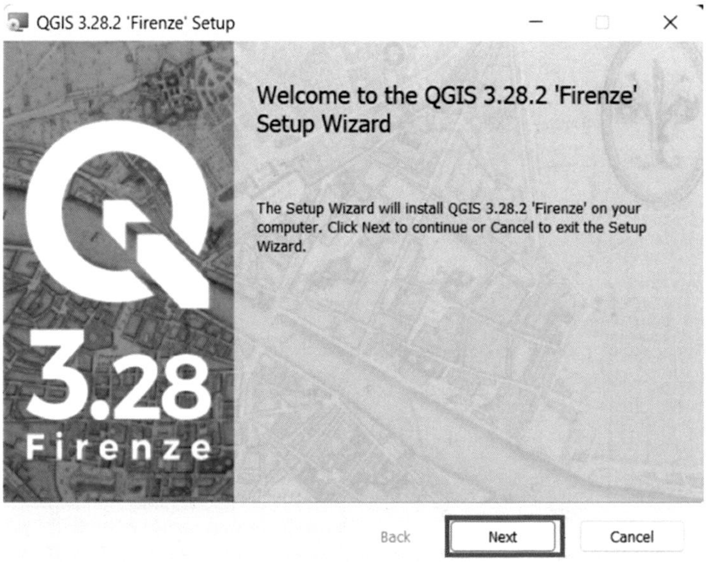

ライセンス情報と規約を確認し、「I accept the terms in the License Agreement」のチェックボックスをチェックし、「Next」をクリックする。

図 3.2: QGIS の license 画面

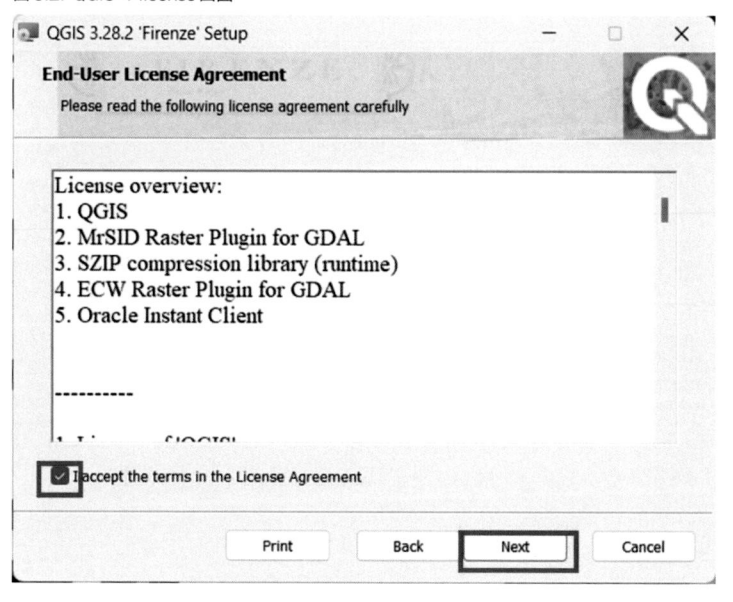

インストール場所を設定し、「Next」をクリックします。

図 3.3: QGIS のインストール場所の指定

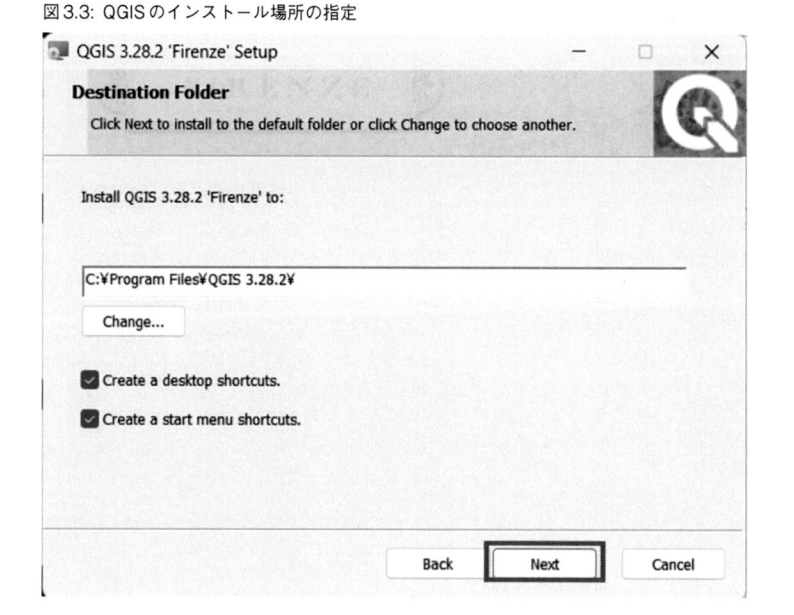

「Install」をクリックし、インストールを実行します。

図3.4: QGISのインストール

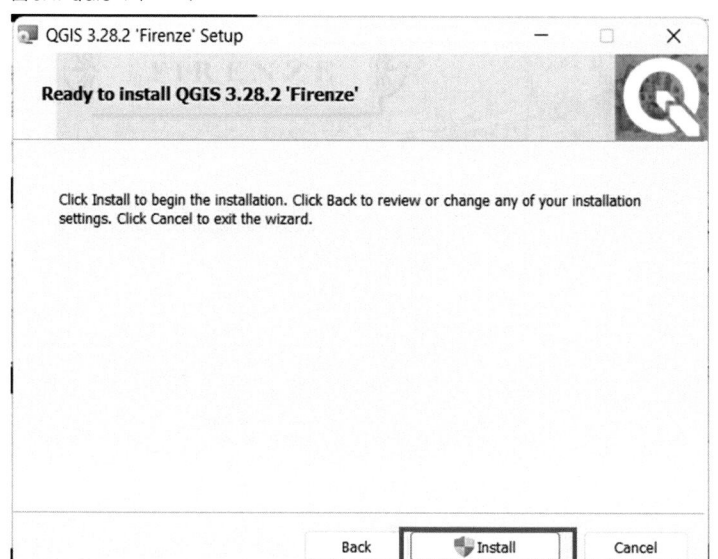

Macの場合

インストーラーを起動します。インストール画面では「Agree」を押します。

図3.5: QGISのinstallerの起動

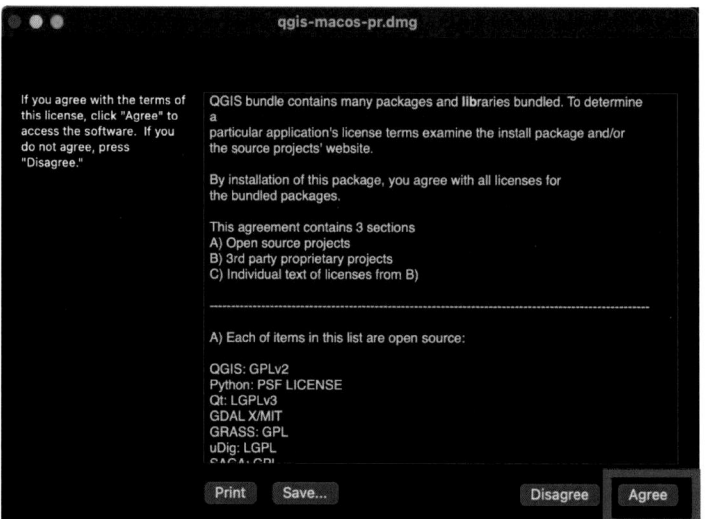

次に下記の画面が表示されるので、QGIS.appをApplicationsにドラッグします。

図 3.6: QGIS のインストール

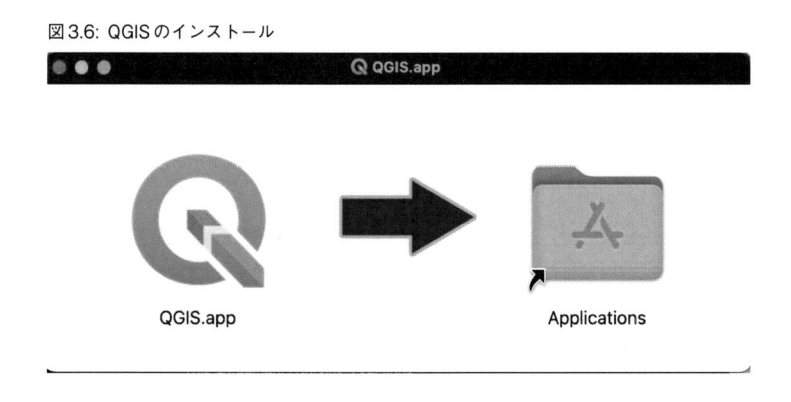

QGISのインストールが完了したら、QGISを開きます。開くと以下のような画面が表示されます。
先ほどのプログラムでエクスポートしたtifファイルを赤枠の中にドラッグします。

図 3.7: QGIS の起動

20220107T013039_20220107T013637_T54SUE.tifをドラッグしてみました。すると以下のように
お台場あたりを中心とした東京の画像が表示されます。

しかし、RGB合成に使用されている衛星画像のバンドが一致していないため、青白く表示されて
しまっています。そのため、少し手直ししてあげる必要があります。

まず、左下の枠のtifファイル名をダブルクリックします。

図3.8: tif画像の表示

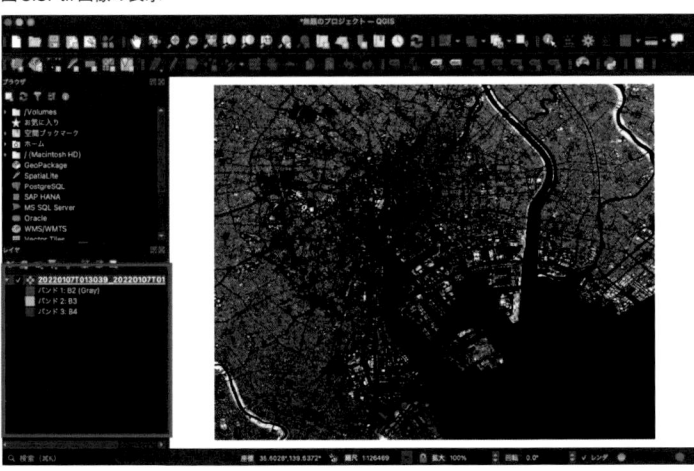

　次に以下のようなウィンドウが表示されるので、左のバーで「シンボロジ」を選択します。すると RGB 合成に使用されているバンド情報が表示されます。Sentinel-2 の場合、赤色は B4、青色は B2 に対応しますが、今の設定では赤と青が逆の設定になっていることが分かります。ここを修正し、OK を押します。

図3.9: RGB の設定

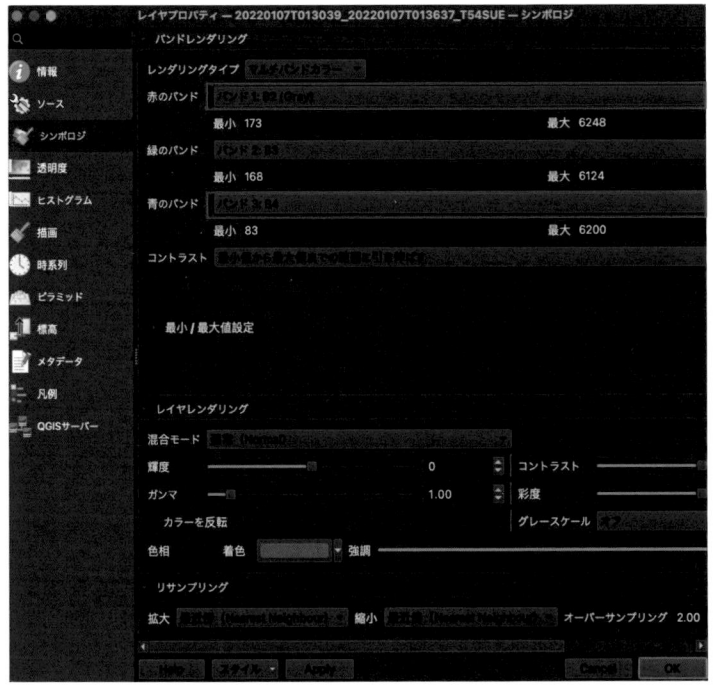

　次のように表示されれば成功です。
　中央下あたりが赤茶色に色合いが変化しているのが分かります。Google Map などと比較すると、

埠頭のクレーンや羽田空港の滑走路横の芝の箇所が該当しそうです。

図3.10: RGB画像の表示

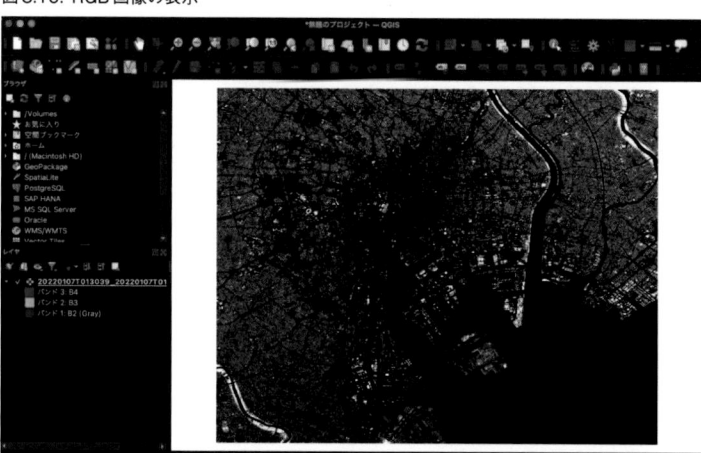

3.3　コードの解説

上に書いたソースコードの解説をしていきます。

python
```python
import ee

# GEEの認証
# ee.Authenticate()
ee.Initialize()
```

今回使用するGEEのライブラリをインポートし、GEEのセッションの初期化を行います。

python
```python
# 雲に覆われているピクセルの補正処理関数
def cloudMasking(image):
    qa = image.select('QA60')
    cloudBitMask = 1 << 10
    cirrusBitMask = 1 << 11
    mask = qa.bitwiseAnd(cloudBitMask).eq(0) and qa.bitwiseAnd(cirrusBitMask).eq
(0)
    return image.updateMask(mask).divide(10000)
```

Sentinel-2用の雲補正関数を定義します。

python

```python
# 衛星データをGoogleDriveにエクスポートする関数
def ImageExport(image,description,folder,region,scale):
    task = ee.batch.Export.image.toDrive(image=image,description=description,fol
der=folder,region=region,scale=scale)
    task.start()
```

　衛星データをGoogleDriveNiエクスポートする関数を定義します。ee.batch.Export.image.toDriveで保存する画像イメージと名前、フォルダ、保存する地域、スケールを設定し、task.start()で処理を開始します。

python

```python
# 緯度経度、データを扱う衛星の設定
rect_region = ee.Geometry.Rectangle([139.91809844970703,35.547311987963084,
139.66129302978516,35.746512259918504])
sentinel2 = ee.ImageCollection('COPERNICUS/S2_SR_HARMONIZED').filterBounds(rect_
region).filter(
    ee.Filter.lt('CLOUDY_PIXEL_PERCENTAGE',20)).filterDate('2022-01-01',
'2022-01-31').map(cloudMasking)

# ImageCollectionの詳細情報
s2_detail = sentinel2.getInfo()

# 衛星画像データのエクスポート
for i in s2_detail['features']:
    s2_name = i['properties']['system:index'] # 衛星画像データのデータ名の抽出
    forimage = ee.Image('COPERNICUS/S2_SR_HARMONIZED/'+s2_name).select(['B2','B3
','B4','B8','B11','B12']) # 衛星画像データからB2, B3, B4, B8, B11, B12データを抽出
    ImageExport(forimage.reproject(crs='EPSG:4326',scale=10),s2_name,'test',rect
_region,10)
```

　2~4行目で収集する画像の位置情報、衛星情報、日付情報の設定を行います。

　7行目でSentinel-2の詳細情報を設定し、10~13行目で衛星画像をエクスポートしていきます。

第4章 衛星データを利用し時系列変化を解析する

4.1 NDVIの時系列変化のグラフを作成する

NDVIの変化は植物と植生がない時期のバックグラウンドに差がある場合が最も顕著になります。第1章で作成した地図（ndvi_test.html）で夏と冬のNDVIに差があった千葉県の印旛沼について、時系列変化を追ってみたいと思います。

ソースコード(NDVIの時系列変化)

python
```
import altair as alt
import ee
import pandas as pd
from altair_saver import save

# GEEの認証
# ee.Authenticate()
ee.Initialize()

# 緯度経度、データを扱う衛星の設定
location_lonlat = [140.219017, 35.757631]
stat_region = ee.Geometry.Point(location_lonlat)
sentinel2 = ee.ImageCollection('COPERNICUS/S2_HARMONIZED').filterBounds(stat_region).filter(
    ee.Filter.lt('CLOUDY_PIXEL_PERCENTAGE',20))

# 関心領域を切り取る関数を定義
def reduce_region_function(img):
    stat = img.reduceRegion(
        reducer=ee.Reducer.mean(),
        geometry=stat_region,
        scale=10
    )
    return ee.Feature(stat_region, stat).set({'millis': img.date().millis()})

# GEEデータを辞書型に変換する関数を定義
```

```python
def fc_to_dict(fc):
    prop_names = fc.first().propertyNames()
    prop_lists = fc.reduceColumns(
        reducer=ee.Reducer.toList().repeat(prop_names.size()),
        selectors=prop_names).get('list')
    return ee.Dictionary.fromLists(prop_names, prop_lists)


# NDVI計算用関数を定義
def calc_ndvi(image):
    ndvi = image.normalizedDifference(['B8', 'B4']).rename('NDVI')
    return image.addBands(ndvi)


# データフレーム成型用関数を定義
def add_date_info(df):
    df['Timestamp'] = pd.to_datetime(df['millis'], unit='ms')
    df['Year'] = pd.DatetimeIndex(df['Timestamp']).year
    df['Month'] = pd.DatetimeIndex(df['Timestamp']).month
    return df


# グラフ描画用関数を定義
def ndvi_season(data):
    highlight = alt.selection(
        type='single', on='mouseover', fields=['Year'], nearest=True)
    base = alt.Chart(data).encode(
        x=alt.X('Month:Q', scale=alt.Scale(domain=[1, 12])),
        y=alt.Y('NDVI:Q', scale=alt.Scale(domain=[-1.0, 1.0])),
        color=alt.Color('Year:O', scale=alt.Scale(scheme='turbo')))
    points = base.mark_circle().encode(
        opacity=alt.value(1),
        tooltip=[
            alt.Tooltip('Year:Q', title='Year'),
            alt.Tooltip('Month:Q', title='Month'),
            alt.Tooltip('NDVI:Q', title='NDVI')
        ]).add_selection(highlight)
    lines = base.mark_line().encode(
        size=alt.condition(~highlight, alt.value(1), alt.value(5)))
    return (points + lines).properties(width=600, height=500).interactive()


# NDVIを計算
ndvi = sentinel2.map(calc_ndvi)
ndvi_stat_fc = ee.FeatureCollection(ndvi.map(reduce_region_function)).filter(
```

```
    ee.Filter.notNull(ndvi.first().bandNames()))

# 衛星データを辞書型に変換
ndvi_dict = fc_to_dict(ndvi_stat_fc).getInfo()
ndvi_df = pd.DataFrame(ndvi_dict)
ndvi_df.to_csv('sentinel2_original.csv')

# 月ごとの中央値を計算
ndvi_df['timestamp'] = pd.to_datetime(ndvi_df['millis'], unit='ms')
ndvi_df.set_index('timestamp', inplace=True)
ndvi_df = ndvi_df.resample('M').median()
ndvi_df.to_csv('NDVI_season.csv')

# データフレームの成形
ndvi_df = add_date_info(ndvi_df)
# グラフの出力
save(ndvi_season(ndvi_df), 'NDVI_season.html')
```

　上記のコードをndvi_season.pyという名前でDesktop/LabCode/python/satellite-analysisディレクトリに保存します。

プログラムの実行 (NDVIの時系列変化)

　WindowsではPowerShell、Macではターミナルを開き

```
$ cd Desktop/labcode/python/satellite-analysis
```

と入力し、ディレクトリを移動します。あとは以下のコマンドを実行します。

```
$ python ndvi_season.py
```

　csvファイルが2つとhtmlファイルが1つ作成されていると思います。

実行結果 (NDVIの時系列変化)

　上記のプログラムで作成したNDVI_season.htmlファイルを開くと、以下のようなグラフが表示されます。横軸が月で縦軸がNDVIの値になります。

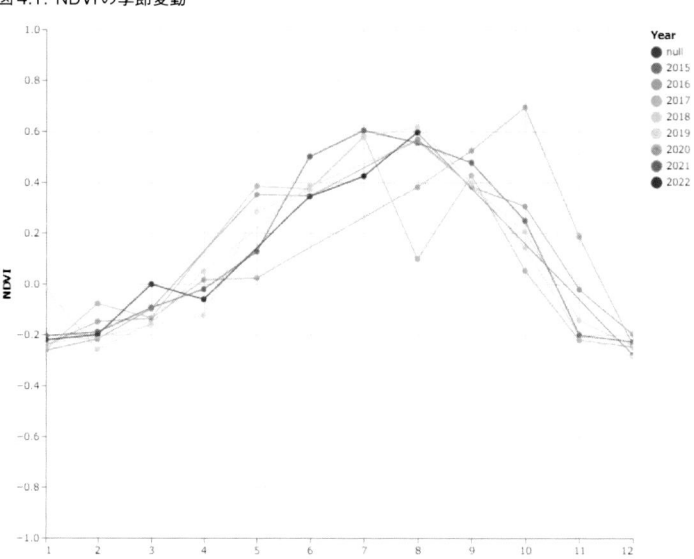

　Sentinel-2が観測を始めた2015年からのデータしかありませんが、いずれの年も12〜2月に負の値をとり、6〜9月あたりにピークを迎えています。印旛沼に生息する水生植物のヒシは一年草で7〜9月ごろに開花し最盛期を迎えることが知られています。今回作成したグラフ上でもその傾向が見て取れるため、ヒシを捉えたデータであるといえそうです。

　今回のデータでは例えば2017年の8月や2020年の6-8月あたりがうまくデータがプロットされていません。原因は定かではありませんが、被雲率が20％以下のデータを用いているためフィルターされている可能性がありそうです。気象庁のHPで千葉県の日照時間を調べたところ、2017年8月の日照時間は101.8時間となっています。前後の年では、2016年で168.8時間、2018年で231.1時間の日照時間でした。そのため、2017年は曇りの日が多かった可能性があります。

　先ほども説明しましたが、光学衛星は雲の影響を強く受けるため、気象状態によってはデータが取得できない期間があることが分かります。

コードの解説(NDVIの時系列変化)

python
```python
import altair as alt
import ee
import pandas as pd
from altair_saver import save
```

　altair、GEE、pandas、altair_saveのライブラリを使用します。ライブラリがない場合はpip installでインストールしましょう。

python

```python
location_lonlat = [140.219017, 35.757631]
stat_region = ee.Geometry.Point(location_lonlat)
sentinel2 = ee.ImageCollection('COPERNICUS/S2_HARMONIZED').filterBounds(stat_reg
ion).filter(
    ee.Filter.lt('CLOUDY_PIXEL_PERCENTAGE',20))
```

　ee.Geometry.Point()に経度、緯度を定義したlocation_lonlatを渡し、ee.ImageCollection.filterBounds()で観測地点の設定を行います。

　これにより設定した地点が含まれるラスターデータの集まり（ImageCollection）が抽出できます。今回は千葉県の印旛沼を設定しています。

　次にreduce_region_function()とfc_to_dict()について説明します。

python

```python
# 関心領域を切り取る関数を定義
def reduce_region_function(img):
    stat = img.reduceRegion(
        reducer=ee.Reducer.mean(),
        geometry=stat_region,
        scale=10
    )
    return ee.Feature(stat_region, stat).set({'millis': img.date().millis()})


# GEEデータを辞書型に変換する関数を定義
def fc_to_dict(fc):
    prop_names = fc.first().propertyNames()
    prop_lists = fc.reduceColumns(
        reducer=ee.Reducer.toList().repeat(prop_names.size()),
        selectors=prop_names).get('list')
    return ee.Dictionary.fromLists(prop_names, prop_lists)
```

　ImageCollection()で抽出したラスターデータは、解析したい地点以外にも多くの範囲を持っているため、解析には回しづらいです。そのため、reduce_region_function()で解析したい地点（関心領域と呼びます）をベクターデータ（Feature）を用いて切り取ります。

　fc_to_dict()ではGEEのデータをprop_listsでリスト型に成形し、ee.Dictionaryで辞書型に変換しています。この操作でpandasの処理に回せるようになります。

python

```python
# データフレーム成形用関数を定義
def add_date_info(df):
    df['Timestamp'] = pd.to_datetime(df['millis'], unit='ms')
```

```python
    df['Year'] = pd.DatetimeIndex(df['Timestamp']).year
    df['Month'] = pd.DatetimeIndex(df['Timestamp']).month
    return df


# グラフ描画用関数を定義
def ndvi_season(data):
    highlight = alt.selection(
        type='single', on='mouseover', fields=['Year'], nearest=True)
    base = alt.Chart(data).encode(
        x=alt.X('Month:Q', scale=alt.Scale(domain=[1, 12])),
        y=alt.Y('NDVI:Q', scale=alt.Scale(domain=[-1.0, 1.0])),
        color=alt.Color('Year:O', scale=alt.Scale(scheme='turbo')))
    points = base.mark_circle().encode(
        opacity=alt.value(1),
        tooltip=[
            alt.Tooltip('Year:Q', title='Year'),
            alt.Tooltip('Month:Q', title='Month'),
            alt.Tooltip('NDVI:Q', title='NDVI')
        ]).add_selection(highlight)
    lines = base.mark_line().encode(
        size=alt.condition(~highlight, alt.value(1), alt.value(5)))
    return (points + lines).properties(width=600, height=500).interactive()
```

　add_date_info()で衛星データの撮影時間がmillisとなっているため、年月日が入ったTimestanp型に変換します。さらにTimestanp型からグラフ作成用に年と月を抽出しています。

　ndvi_season()ではaltairのライブラリを用いたグラフ描画用の設定を定義しています。baseでグラフの縦軸横軸、色合いを設定しています。pointsとlinesでグラフにカーソルを合わせた際の記述方法を設定しています。

python

```python
# NDVIを計算
ndvi = sentinel2.map(calc_ndvi)
ndvi_stat_fc = ee.FeatureCollection(ndvi.map(reduce_region_function)).filter(
    ee.Filter.notNull(ndvi.first().bandNames()))


# 衛星データを辞書型に変換
ndvi_dict = fc_to_dict(ndvi_stat_fc).getInfo()
ndvi_df = pd.DataFrame(ndvi_dict)
ndvi_df.to_csv('sentinel2_original.csv')


# 月ごとの中央値を計算
```

```
ndvi_df['timestamp'] = pd.to_datetime(ndvi_df['millis'], unit='ms')
ndvi_df.set_index('timestamp', inplace=True)
ndvi_df = ndvi_df.resample('M').median()
ndvi_df.to_csv('NDVI_season.csv')

# データフレームの成形
ndvi_df = add_date_info(ndvi_df)
# グラフの出力
save(ndvi_season(ndvi_df), 'NDVI_season.html')
```

最後にNDVI計算結果をcsvとして出力し、グラフの描画結果をhtmlとして出力しています。

4.2 地形情報タイムラプスを作成する

タイムラプスとは？

タイムラプスとは、複数の画像を動画化することで、時系列変化を視覚的に扱う手法です。植物の葉の成長や開花の様子などで目にしたことがある方も多いのではないでしょうか。また、アラル海の縮小や氷河の後退など、年単位で起きている変化にも利用されます。このようにタイムラプスは時間スケールが大きい事象の変化に対してよく利用されます。

GEEではでいくつかの場所がタイムラプスとして公開されています。こちらのサイトにアクセスするとこのような画像が表示されます。画面下の赤枠で囲ったバーで年代を選択したり、タイムラプスの再生が行えます。今選択されているのはアラスカの氷河後退のタイムラプスで1984年から2020年の衛星画像が使用されています。

https://earthengine.google.com/timelapse/

図4.2: Google Earth で用意されたタイムラプスの例

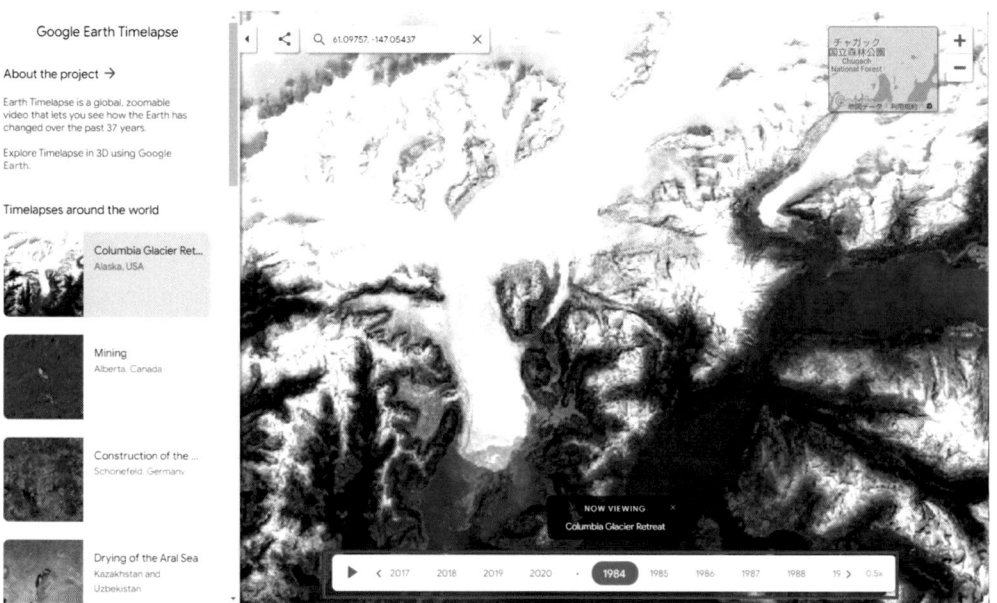

1984年と2020年を比較すると確かに白で写っている氷河の面積が減少していることがわかります。

図4.3: 1984年のアラスカの氷河

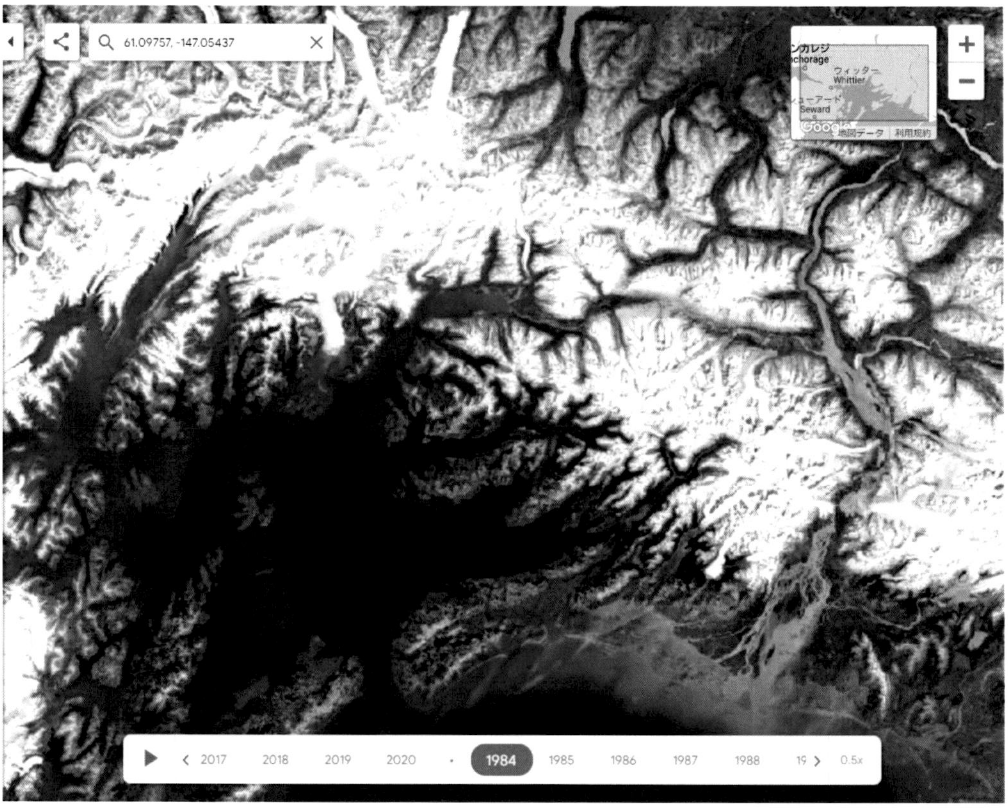

図 4.4: 2020 年のアラスカの氷河

タイムラプス作成の実装方法

　それでは、Python を用いたタイムラプスの作成方法について紹介します。

　下記のコードを gee_timelapse.py という名前で Desktop/labcode/python/gee ディレクトリに
保存します。

python

```python
import ee

# GEEの認証
# ee.Authenticate()
ee.Initialize()

# 観測地点の設定
geometry = ee.Geometry.Polygon(
    [[-175.438010,-20.514222], [-175.438010,-20.604650],[
-175.339343,-20.604650],[-175.339343,-20.514222]])
```

```python
# ImageCollectionの選択
collection_l8 = ee.ImageCollection('LANDSAT/LC08/C02/T1_TOA')
collection_l9 = ee.ImageCollection('LANDSAT/LC09/C02/T1_TOA')

# Imagecollectionの結合
collection = collection_l8.merge(collection_l9).sort('system:time_start')

# 日付範囲の設定
collection = collection.filterDate('2021-11-01','2022-02-28')

# Landsatのパス/ロウ設定
path = collection.filter(ee.Filter.eq('WRS_PATH', 70))
pathrow = path.filter(ee.Filter.eq('WRS_ROW', 74))

# 表示させるバンドの選択
bands = pathrow.select(['B4', 'B3', 'B2'])

# 画像データを8 bitに変換する関数
def convertBit(image):
    return image.multiply(512).uint8()

# 画像データの8 bit化
output = bands.map(convertBit)

# 動画データとして出力する条件の設定
output_viedo = ee.batch.Export.video.toDrive(
    output, description='Tonga_eruption', dimensions = 720, framesPerSecond = 2,
region=geometry, maxFrames=10000)

# 動画データ出力の実行
process = ee.batch.Task.start(output_viedo)
```

プログラムの実行(タイムラプス作成)

　WindowsではPowerShell、Macではターミナルを開き

```
$ cd Desktop/labcode/python/gee
```

　と入力し、ディレクトリを移動します。あとは以下のコマンドを実行するだけです。($マークは無視してください)

```
$ python gee_timelapse.py
```

実行結果(タイムラプス作成)

　GEEに登録しているGoogleアカウントのDrive上の~/MyDrive/というディレクトリに
Tonga_eruption.mp4というファイルができていれば成功です。

　次にmp4ファイルの内容確認を行います。Tonga_eruption.mp4を開くと以下の図の左から右に
かけて変化する動画が表示されます。これは、トンガのフンガ・トンガ=フンガ・ハアパイ島の2021
年11月〜2022年2月のLandsat8/9で撮影された画像をタイムラプスとして出力したものです。

図4.5: 作成したタイムラプス

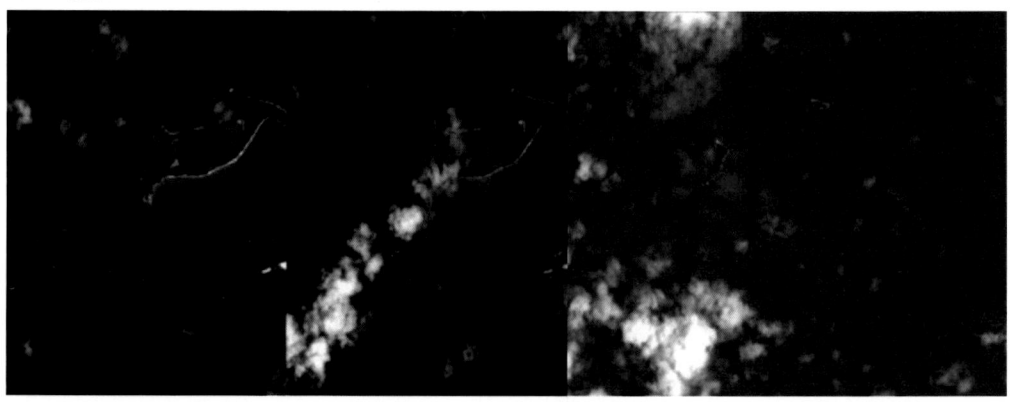

　日本でもニュースになりましたが、この島では2022年1月15日に海底火山の大規模な噴火が起き
ました。その結果、島が2つに分断されてしまいました。もともとこの島は2014〜2015年の噴火で
フンガ・トンガ島とフンガ・ハアパイ島が地続きになってできたようで、今回の噴火で2014年以前
の状態に戻ったともいえそうです。

コードの解説(タイムラプス作成)

　上に書いたソースコードの解説をしていきます。

python

```python
import ee

# GEEの認証
# ee.Authenticate()
```

```
ee.Initialize()
```

いつものとおり、GEEのライブラリをimportし、セッションの初期化を行います。

python
```
# 観測地点の設定
geometry = ee.Geometry.Polygon(
    [[-175.438010,-20.514222], [-175.438010,-20.604650],[
-175.339343,-20.604650],[-175.339343,-20.514222]])

# ImageCollectionの選択
collection_l8 = ee.ImageCollection('LANDSAT/LC08/C02/T1_TOA')
collection_l9 = ee.ImageCollection('LANDSAT/LC09/C02/T1_TOA')
```

2-3行目で観測地点の座標をgeometryという変数に代入します。

6-7行目でLandsat8とLandsat9のImageCollectionをそれぞれ変数に代入していきます。

python
```
# Imagecollectionの結合
collection = collection_l8.merge(collection_l9).sort('system:time_start')

# 日付範囲の設定
collection = collection.filterDate('2021-11-01','2022-02-28')
```

2行目の.mergeでLandsat8とLandsat9のImageCollectionを結合します。

さらに.sort('system:time_start')で日付順に並び変えます。この処理がないと、Landsat8の後にLandsat9の画像が来るようなタイムラプスになってしまうので、正しく時系列が追えなくなってしまいます。

python
```
# Landsatのパス/ロウ設定
path = collection.filter(ee.Filter.eq('WRS_PATH', 70))
pathrow = path.filter(ee.Filter.eq('WRS_ROW', 74))

# 表示させるバンドの選択
bands = pathrow.select(['B4', 'B3', 'B2'])
```

Landsatシリーズの観測衛星は、観測地点をパス/ロウというタイル状に分類しています。そのため、2-3行目の処理を入れることでタイムラプス作成に利用してたい地点の絞り込みが行えます。

パス/ロウはアメリカ地質調査所（USGS）の以下のページで検索できます。

https://landsat.usgs.gov/landsat_acq#convertPathRow

python

```python
# 画像データを8 bitに変換する関数
def convertBit(image):
    return image.multiply(512).uint8()


# 画像データの8 bit化
output = bands.map(convertBit)


# 動画データとして出力する条件の設定
output_viedo = ee.batch.Export.video.toDrive(
    output, description='Tonga_eruption', dimensions = 720, framesPerSecond = 2,
region=geometry, maxFrames=10000)


# 動画データ出力の実行
process = ee.batch.Task.start(output_viedo)
```

　ここでは動画の出力設定を行っています。

　2-3行目の関数ではImageCollectionの画像データを8bitに変換する関数を設定します。GEEの衛星画像データはee.batch.Export.video.toDriveで出力する場合、0-255の8 bitデータである必要があります。Landsat8/9は16 bitの画像であるため、この関数を利用して8 bitに変換します。

　9-10行目で出力する動画の設定を行います。dimensionsで動画の縦横のピクセルサイズ、framesPerSecondでフレームレート、maxFramesで出力する最大画像数を設定しています。13行目で処理を実行することでGoogle Drive上に動画データが出力されます。

第5章 シェープファイルを利用した衛星データ解析

5.1 シェープファイルのデータを地図にプロットする

シェープファイルとは？

シェープファイルとは、図形情報と属性情報を持ったベクターデータの一つでGISデータのファイル形式の一つです。シェープファイルを扱うことで、どこに、どれくらいの広さで、何があるかがわかります。日本では産総研が地質情報を、環境省が植生情報を配布しています。ほかにも色々な情報が配布されています。

シェープファイルの構成

シェープファイルはアメリカのESRI社が80年代に提唱した形式で、以下のような複数のファイルから構成されます。

・.shp: 図形情報が格納

・.dbf: 属性情報が格納

・.shx: shpとdbfの対応関係が格納

他にもオプションとしていくつかのファイルが存在しますが、この3つのファイルは必須となっています。

シェープファイルはこのように拡張子が異なる複数のファイルからなるため、管理が煩雑になる問題があります。さらに、それぞれのファイルは2GBまでの情報しか格納できないため、ビッグデータ解析が主流になりつつあるGIS分野ではGeoJSONに置き換わりつつあります。

シェープファイルの細かい仕様や特徴などについては、ESRI社が下記サイトで案内しているのでご参照ください。

https://www.esrij.com/getting-started/learn-more/shapefile/

シェープファイルをマップ上に実装

それでは、シェープファイルのマップ上への実装をpythonでコーディングしてみます。以下に実装例を示します。

利用するデータ

今回は環境省自然環境局の生物多様性センターが公開している植生調査のデータを利用します。下記のリンク先で都道府県ごとに調査されたデータが配布されているので、東京都のデータをダウ

ンロードしてみます。

http://gis.biodic.go.jp/webgis/sc-025.html?kind=vg67

ダウンロードしたzipファイルは以下のようにshpxxxxxx.zipといった複数のzipファイルが格納されておりその配下にshpファイルが格納されています。zipファイルのままでは扱えないため、適当なものを解凍しておきます。

```
vg67_13.zip
|_ shp364123.zip
    |_ p364123.shp
    |_ p364123.dbf
    |_ p364123.shx
|_ shp374102.zip
```

ソースコード(シェープファイルを地図にプロット)

下記のコードをGIS_test.pyという名前でDesktop/labcode/ディレクトリに保存します。

python
```python
import json

import fiona
import folium
import geopandas as gpd
import pandas as pd
from shapely.geometry import shape

# shpファイルの読み込み
path_shp = './shp533940/p533940.shp'
collection = list(fiona.open(path_shp,'r',encoding = 'shift-jis'))

# shpファイルをデータフレームに変換
df1 = pd.DataFrame(collection)

#geometryチェック用関数
def isvalid(geom):
    try:
        shape(geom)
        return 1
    except:
        return 0
```

```python
#geometryのチェック
df1['isvalid'] = df1['geometry'].apply(lambda x: isvalid(x))
df1 = df1[df1['isvalid'] == 1]
collection = json.loads(df1.to_json(orient='records'))
# geodataframeに変換
gdf = gpd.GeoDataFrame.from_features(collection).rename(columns=str.lower)
gdf.to_csv('vegetation.csv')

# GeoJsonの生成
gdf_json = gdf.to_json()

# マップの描画設定
lat, lon = 35.71,139.03
my_map = folium.Map(location=[lat, lon], zoom_start=10, control_scale=True)
folium.GeoJson(gdf_json, name='vegetation').add_to(my_map)

# アカマツ植林を抽出
gdf_tree = gdf.loc[gdf['hanrei_n'] == 'アカマツ植林']
gdf_tree = gdf_tree.reset_index()
gdf_tree_json = gdf_tree.to_json()
folium.GeoJson(gdf_tree_json, name='vg_tree').add_to(my_map)

# 複数のマップを重ね合わせる
my_map.add_child(folium.LayerControl(collapsed = False).add_to(my_map))

# マップの保存
my_map.save('GIS.html')
```

プログラムを実行する(シェープファイルを地図にプロット)

　Windows では PowerShell、Mac ではターミナルを開き

```
$ cd Desktop/labcode/
```

　と入力し、ディレクトリを移動します。あとは以下のコマンドを実行するだけです。($マークは無視してください)

```
$ python GIS_test.py
```

実行結果 (シェープファイルを地図にプロット)

/Desktop/labcode/ にvegetation.csvとGIS.htmlというファイルができていれば成功です！

GIS.htmlを開くと以下のようなマップが表示されます。今回は東京の奥多摩から山梨県の県境あたりの植生が表示されています。

図5.1: シェープファイルを地図上にプロットした図

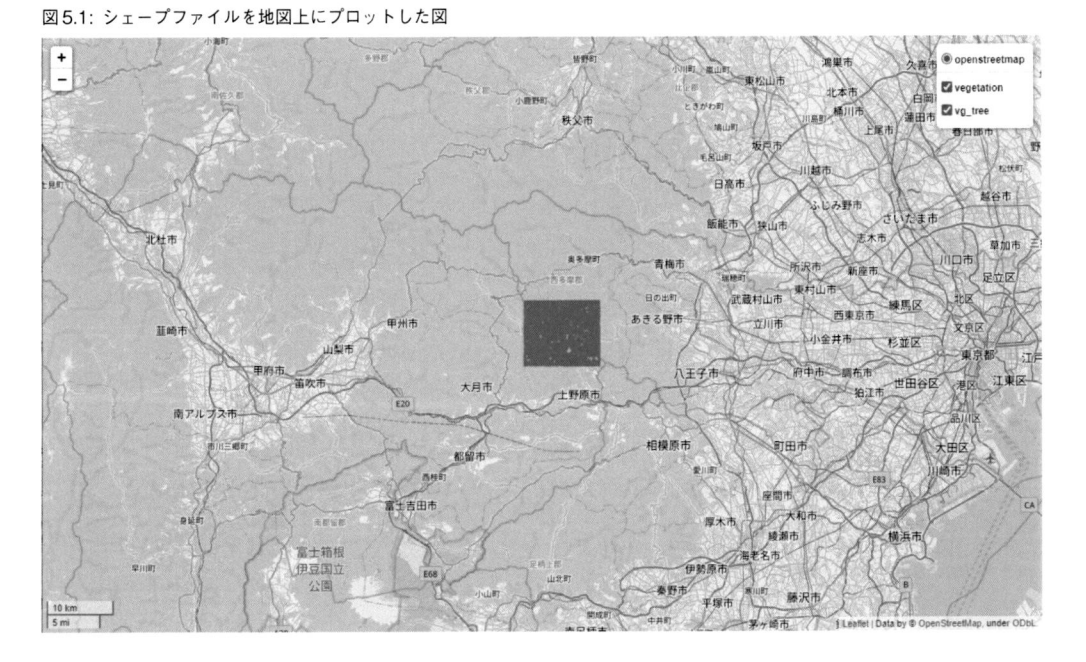

右上のレイヤーでvg_treeを選択し、マップを拡大すると以下のような表示になります。アカマツ植林でフィルターをかけているためこの地点にはアカマツの林が存在することがわかります。

図5.2: アカマツ植林の場所

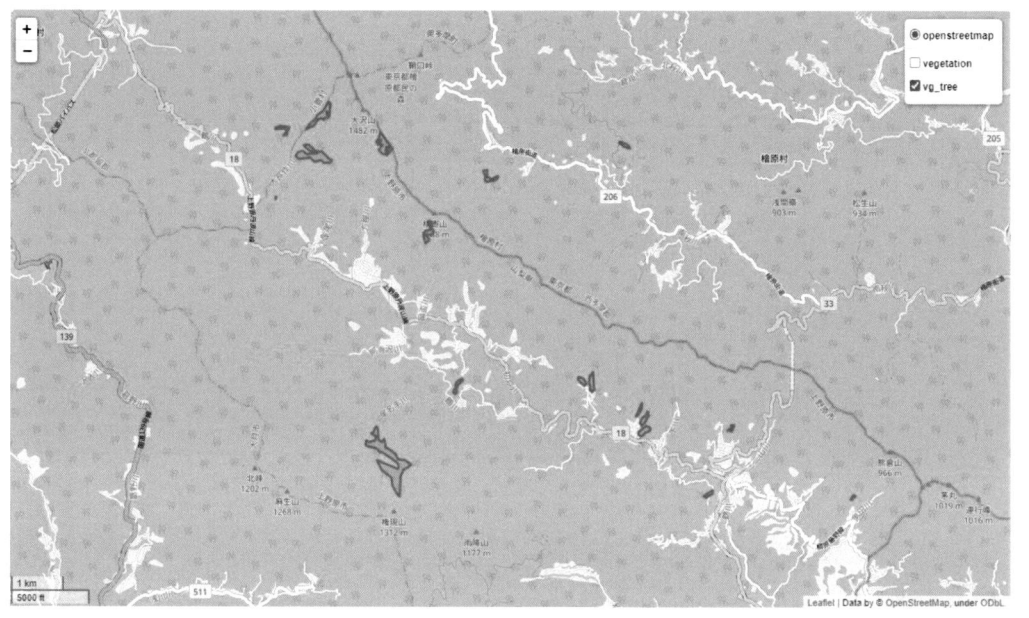

コードの解説(シェープファイルを地図にプロット)

　上に書いたソースコードで重要なところを解説をしていきます。

python
```python
import json


import fiona
import folium
import geopandas as gpd
import pandas as pd
from shapely.geometry import shape
```

　fiona、folium、geopandas、pandas、shapelyのライブラリを使用します。
　fiona:shpファイルなどの地理情報を扱うデータの読み書きが行うライブラリ
　geopandas:地理情報を扱ったデータをpandasのように扱うライブラリ
　shaply:地理空間データの処理を行うライブラリ

python
```python
# shpファイルの読み込み
path_shp = './shp533940/p533940.shp'
collection = list(fiona.open(path_shp,'r',encoding = 'shift-jis'))


# shpファイルをデータフレームに変換
```

```
df1 = pd.DataFrame(collection)
```

fiona.openでshpファイルを読み込みます。日本の機関が提供しているシェープファイルは日本語が含まれていることが多いため、encoding = 'shift-jis'で文字コードを指定します。

python
```
#geometryチェック用関数
def isvalid(geom):
    try:
        shape(geom)
        return 1
    except:
        return 0
```

shpファイルのgeometryが有効な形状をしているかをチェックする関数です。有効な場合は1を返します。

geometryはPoint（点）、Polyline（線）、Polygon（面）などの型があります。これら以外の型が含まれている場合、データ処理を行うとエラーが発生します。そのため、この関数であらかじめ不要なデータを除外します。

python
```
#geometryのチェック
df1['isvalid'] = df1['geometry'].apply(lambda x: isvalid(x))
df1 = df1[df1['isvalid'] == 1]

# df1の行ごとにjson出力
collection = json.loads(df1.to_json(orient='records'))

# geodataframeに変換
gdf = gpd.GeoDataFrame.from_features(collection).rename(columns=str.lower)
gdf.to_csv('vegetation.csv') # データフレームをcsvとして保存
```

2行目でisvalid関数の戻り値をデータフレームに新しく列として保存します。3行目でisvalidの戻り値が1のみデータを抽出し、新たにデータフレームとして成形します。

6行目でdf1の行ごとにjson形式で出力します。

9行目で出力したgeopandasのデータフレームに変換します。rename(columns=str.lower)でカラム名を小文字に整えます。複数のshpファイルを扱う場合、カラム名が多岐にわたる場合があるため、処理をしやすくするために行います。今回は特に在っても無くても構いません。

```python
# アカマツ植林を抽出
gdf_tree = gdf.loc[gdf['hanrei_n'] == 'アカマツ植林']
gdf_tree = gdf_tree.reset_index()
```

　2行目ではアカマツ植林の植生に持つデータを抽出しています。生物多様性センターのシェープファイルはhanrei_nに植生情報が属性として格納されています。今回はアカマツ植林を抽出しましたが、この箇所を変更することでほかにも色々な植生情報を抽出できます。

　3行目ではreset_index()でindexを振り直しています。2行目の時点では抽出前のindexをもつため、歯抜けのようなindexを持つデータフレームになっています。今回は必須ではありませんが、振り直すことでデータ解析にまわすのが容易になります。

5.2　シェープファイルを利用して衛星データを収集する

シェープファイルから衛星データを収集してみる

シェープファイルから緯度経度を抽出する

　シェープファイルは図形情報と属性情報を持っています。この属性情報には座標系が含まれています。この座標系が緯度・経度を示す地理座標系の場合、そのまま衛星データの収集に利用することができます。

　それでは、pythonでシェープファイルから衛星データを収集するプログラムをコーディングしてみます。以下に実装例を示します。

利用するデータ

　前回の記事で作成したアカマツの植生データが入ったcsvファイルvegetation.csvを利用します。csvファイルは以下のディレクトリに格納します。

```
Desktop
|_ labcode
    |_ vegetation.csv
```

ソースコード(シェープファイルと衛星データ)

　下記のコードをgis_satellite.pyという名前でDesktop/labcode/ディレクトリに保存します。

python

```python
from functools import reduce

import ee
import geopandas as gpd
import matplotlib.pyplot as plt
import numpy as np
import pandas as pd

# GEEの認証
# ee.Authenticate()
ee.Initialize()

# 関心領域を切り取る関数を定義
def reduce_region_function(img):
    stat = img.reduceRegion(
    reducer=ee.Reducer.mean(),
    geometry=geo_point,
    scale=10
    )
    return ee.Feature(geo_point, stat).set({'millis': img.date().millis()})

# GEEデータを辞書型に変換する関数を定義
def fc_to_dict(fc):
    prop_names = fc.first().propertyNames()
    prop_lists = fc.reduceColumns(
    reducer=ee.Reducer.toList().repeat(prop_names.size()),
    selectors=prop_names).get('list')
    return ee.Dictionary.fromLists(prop_names, prop_lists)

# NDVI計算用関数を定義
def calc_ndvi(image):
    ndvi = image.normalizedDifference(['B8', 'B4']).rename('NDVI')
    return image.addBands(ndvi)

# Timestamp作成用関数を定義
def add_date_info(df):
    df['Timestamp'] = pd.to_datetime(df['millis'], unit='ms')
    df['Year'] = pd.DatetimeIndex(df['Timestamp']).year
    df['Month'] = pd.DatetimeIndex(df['Timestamp']).month
    return df
```

```python
# csvファイルの読み込み
gdf_tree = pd.read_csv('vegetation.csv')

# csvファイルをデータフレーム化
gdf_tree = gpd.GeoDataFrame(
    gdf_tree.loc[:, [c for c in gdf_tree.columns if c != "geometry"]],
    geometry=gpd.GeoSeries.from_wkt(gdf_tree["geometry"]),
    crs="epsg:4326" # 座標参照系の設定
)

# 緯度経度をx,y座標に変換
gdf_tree_geo = gdf_tree['geometry'].apply(lambda p:list(p.exterior.coords.xy))

# 辞書型を定義
ndvi_df = {}

# 衛星データのデータフレームを作成
for i in range(0,1639):
    x,y = gdf_tree_geo[i]
    cords = np.dstack((x,y)).tolist()
    double_list = reduce(lambda x,y: x+y, cords)
    single_list = reduce(lambda x,y: x+y, double_list)
    geo_point = ee.Geometry.Polygon(single_list)
    sentinel2 = ee.ImageCollection('COPERNICUS/S2_SR_HARMONIZED').filterBounds(g
eo_point).filter(ee.Filter.lt('CLOUDY_PIXEL_PERCENTAGE',20))
    ndvi = sentinel2.map(calc_ndvi)
    ndvi_stat_fc = ee.FeatureCollection(ndvi.map(reduce_region_function)).filter
(ee.Filter.notNull(ndvi.first().bandNames()))
    ndvi_dict = fc_to_dict(ndvi_stat_fc).getInfo()
    ndvi_df[i] = pd.DataFrame(ndvi_dict)

# 月ごとの中央値を計算
vg_df = pd.concat(ndvi_df)
vg_df['timestamp'] = pd.to_datetime(vg_df['millis'], unit='ms')
vg_df.set_index('timestamp', inplace=True)
vg_df.to_csv('ndvi_vg.csv')
vg_df = vg_df.resample('M').median()
vg_df = add_date_info(vg_df)

# カラムの並び替え
```

```
vg_df = vg_df.reset_index()

# 反射率のグラフを作成
vg_plot = vg_df.reindex(columns=['B1','B2','B3','B4','B5','B6','B7','B8','B8A','
B9','B11','B12'])
vg_plot = vg_plot[0:1]
y = vg_plot.T.unstack().reset_index(level=0, drop=True)
x = np.array([443,490,560,665,705,740,783,842,865,945,1610,2190])
ax = plt.subplot()
ax.scatter(x,y)
ax.plot(x,y)
ax.set_xlabel("Wavelength [nm]")
ax.set_ylabel("BoA reflectance × 10,000")
ax.set_xlim(400, 2500)
plt.savefig('reflectance.png')
```

プログラムを実行する(シェープファイルと衛星データ)

WindowsではPowerShell、Macではターミナルを開き

```
$ cd Desktop/labcode/
```

と入力し、ディレクトリを移動します。あとは以下のコマンドを実行するだけです（$マークは無視してください）。

```
$ python gis_satellite.py
```

実行結果(シェープファイルと衛星データ)

~/Desktop/labcodeにndvi_vg.csvとreflectance.pngというファイルができていれば成功です！ndvi_vg.csvには前回作成したcsvファイルの地点を測定した衛星データの値が格納されています。また、作成されたpngファイルは以下のようになっています。

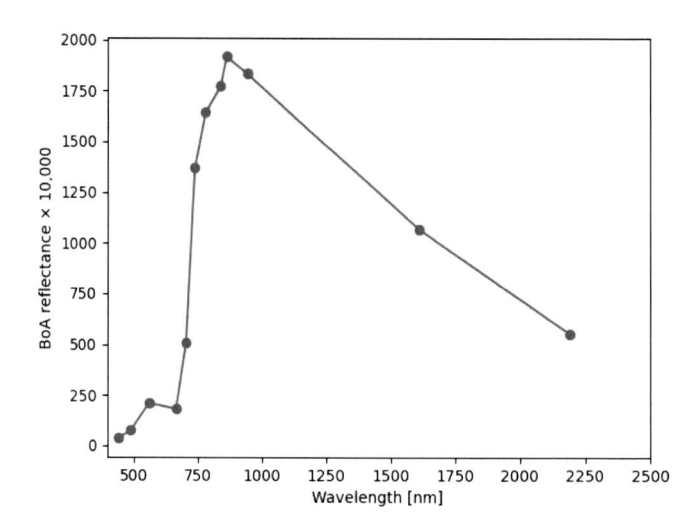

このコードでは2018年12月の衛星データを取得しています。アカマツは常緑の針葉樹林で、冬場も緑の葉を持っています。

今回作成した図は縦軸が反射率、横軸が波長率となっており、取得した衛星データの反射率をバンド毎にプロットしています。Sentinel-2では赤色光がB4、近赤外線がB8となっており、この図の左から4番目のプロットと8番目のプロットが対応しています。植物は赤色光を光合成に利用し、近赤外線を反射する特徴が見事に表れています。

反対に1610 nmのB11や2190 nmのB12といった短波長赤外の波長域は水の吸収が起きるため反射率の低下がみられます。

コードの解説(シェープファイルと衛星データ)

上に書いたソースコードの重要なところを解説をしていきます。

基本的には第2章の「NDVIの時系列変化のグラフを作成する」のコードがベースになってるので、そちらも併せて参照してください。

python

```python
from functools import reduce

import ee
import geopandas as gpd
import matplotlib.pyplot as plt
import numpy as np
import pandas as pd
```

GEE、geopandas、matlibplot、numpy、pandasのライブラリを使用します。ライブラリが存在

しない場合はpip installでインストールしましょう。

python

```python
# csvファイルの読み込み
gdf_tree = pd.read_csv('vegetation.csv')

# csvファイルをデータフレーム化
gdf_tree = gpd.GeoDataFrame(
    gdf_tree.loc[:, [c for c in gdf_tree.columns if c != "geometry"]],
    geometry=gpd.GeoSeries.from_wkt(gdf_tree["geometry"]),
    crs="epsg:4326"  # 座標参照系の設定
)

# 緯度経度をx,y座標に変換
gdf_tree_geo = gdf_tree['geometry'].apply(lambda p:list(p.exterior.coords.xy))
```

　csvファイルをデータフレーム化します。6行目と7行目でデータフレームのgeometryのデータ型をgeometryに変換しています。8行目ではgeometryの座標参照系を設定しています。epsg:4326はESPGコードの一つでEuropean Petroleum Survey Groupという団体が定めたGISの座標系に関連する要素を定義したものとなっています。4326はWGS84という測地系と緯度経度座標系が定義されています。

　これらを設定することで12行目のexterior.coordsを用いたxy座標への変換が可能となります。

python

```python
# 衛星データのデータフレームを作成
for i in range(0,1639):
    x,y = gdf_tree_geo[i]
    cords = np.dstack((x,y)).tolist()
    double_list = reduce(lambda x,y: x+y, cords)
    single_list = reduce(lambda x,y: x+y, double_list)
    geo_point = ee.Geometry.Polygon(single_list)
    sentinel2 = ee.ImageCollection('COPERNICUS/S2_SR_HARMONIZED').filterBounds(geo_point).filter(ee.Filter.lt('CLOUDY_PIXEL_PERCENTAGE',20))
    ndvi = sentinel2.map(calc_ndvi)
    ndvi_stat_fc = ee.FeatureCollection(ndvi.map(reduce_region_function)).filter(ee.Filter.notNull(ndvi.first().bandNames()))
    ndvi_dict = fc_to_dict(ndvi_stat_fc).getInfo()
    ndvi_df[i] = pd.DataFrame(ndvi_dict)
```

　3~7行目でxy座標に変換したgeometryをGEEで利用できるPolygonの形に変換しています。

8~12行目では、以前の記事と同じNDVIの算出から衛星データのデータフレーム化までを行っています。

python

```
# 反射率のグラフを作成
vg_plot = vg_df.reindex(columns=['B1','B2','B3','B4','B5','B6','B7','B8','B8A','B9','B11','B12'])
vg_plot = vg_plot[0:1]
y = vg_plot.T.unstack().reset_index(level=0, drop=True)
x = np.array([443,490,560,665,705,740,783,842,865,945,1610,2190])
ax = plt.subplot()
ax.scatter(x,y)
ax.plot(x,y)
ax.set_xlabel("Wavelength [nm]")
ax.set_ylabel("BoA reflectance × 10,000")
ax.set_xlim(400, 2500)
plt.savefig('reflectance.png')
```

1行目でデータフレームvg_dfから測定バンドのカラムだけを抽出し、以降の行の処理でそのデータを散布図にしています。今回は2行目でグラフ化する対象を0行目のデータに絞っています。グラフ化したいデータに応じて、この行を修正するといいでしょう。

最後にグラフをpngとして出力しています。

あとがき

　最後まで読んでいただきありがとうございます。ここまで読んでくださった読者の方は、Google Earth EngineのAPIを利用した基本的な衛星データ解析ができるようになりました。

　近年、多くの衛星データが無料で公開されているため、環境変動や災害対策、都市開発をはじめとして、昨今では戦争の状況をモニターするのにも利用されています。また、国内では高校の社会科の地理が必修化されたり、ドローンの発展でリモートセンシングに注目が集まるなど、衛星データ利用は今後ますます発展することが期待される領域です。

　本書ではGoogle Earth Engineやシェープファイルを中心に、あくまで基本的な内容しか解説していません。そのため、より本格的に衛星データを利用して解析を行っていくには、利用する衛星の検出器や観測対象の特性を理解する必要があります。こちらはそれぞれの専門書や関連論文を読み進めていただければと思います。

　本書の内容が衛星データ利用の敷居を少しでも下げるのに役立てば幸いです。

著者紹介

aogorou

生物系の博士課程に在籍。SEとして勤務した経験があり、AWSやAzureなどのネットワークやセキュリティ構築に携わる。

現在はその経験を活かし、研究で使えるプログラミングを紹介するブログ「LabCode」(https://labo-code.com/) で衛星データやクラウドの記事を執筆している。

◎本書スタッフ
アートディレクター/装丁：岡田章志＋GY
編集協力：深水 央
ディレクター：栗原 翔
〈表紙イラスト〉
べこ
屋号：べころもち工房。デザイナー。「暖かくて優しい、しなやかなコミュニケーションを」をモットーに活動している。ゆるキャラとダムが好き。2児の母。群馬県在住。
サイト：https://becolomochi.com
Twitter：@becolomochi

技術の泉シリーズ・刊行によせて
技術者の知見のアウトプットである技術同人誌は、急速に認知度を高めています。インプレス NextPublishingは国内最大級の即売会「技術書典」(https://techbookfest.org/) で頒布された技術同人誌を底本とした商業書籍を2016年より刊行し、これらを中心とした『技術書典シリーズ』を展開してきました。2019年4月、より幅広い技術同人誌を対象とし、最新の知見を発信するために『技術の泉シリーズ』へリニューアルしました。今後は「技術書典」をはじめとした各種即売会や、勉強会・LT会などで頒布された技術同人誌を底本とした商業書籍を刊行し、技術同人誌の普及と発展に貢献することを目指します。エンジニアの"知の結晶"である技術同人誌の世界に、より多くの方が触れていただくきっかけになれば幸いです。

インプレス NextPublishing
技術の泉シリーズ　編集長　山城 敬
●お断り
掲載したURLは2023年7月1日現在のものです。サイトの都合で変更されることがあります。また、電子版ではURLにハイパーリンクを設定していますが、端末やビューアー、リンク先のファイルタイプによっては表示されないことがあります。あらかじめご了承ください。
●本書のご感想をぜひお寄せください
https://book.impress.co.jp/books/3523160070
アンケート回答者の中から、抽選で図書カード（1,000円分）などを毎月プレゼント。
当選者の発表は賞品の発送をもって代えさせていただきます。
※プレゼントの賞品は変更になる場合があります。
●本書の内容についてのお問い合わせ先
株式会社インプレス
インプレス NextPublishing　メール窓口
np-info@impress.co.jp
お問い合わせの際は、書名、ISBN、お名前、お電話番号、メールアドレス に加えて、「該当するページ」と「具体的なご質問内容」「お使いの動作環境」を必ずご明記ください。なお、本書の範囲を超えるご質問にはお答えできないのでご了承ください。
電話やFAXでのご質問には対応しておりません。また、封書でのお問い合わせは回答までに日数をいただく場合があります。あらかじめご了承ください。
インプレスブックスの本書情報ページ　https://book.impress.co.jp/books/3523160070　では、本書のサポート情報や正誤表・訂正情報などを提供しています。あわせてご確認ください。
本書の奥付に記載されている初版発行日から3年が経過した場合、もしくは本書で紹介している製品やサービスについて提供会社によるサポートが終了した場合はご質問にお答えできない場合があります。

●落丁・乱丁本はお手数ですが、インプレスカスタマーセンターまでお送りください。送料弊社負担に てお取り替え
させていただきます。但し、古書店で購入されたものについてはお取り替えできません。
■読者の窓口
インプレスカスタマーセンター
〒 101-0051
東京都千代田区神田神保町一丁目 105 番地
info@impress.co.jp

技術の泉シリーズ

Google Earth Engineを用いた
衛星データ解析入門

2023年8月25日　　初版発行Ver.1.0（PDF版）

著　者　　aogorou
編集人　　山城 敬
企画・編集　合同会社技術の泉出版
発行人　　高橋 隆志
発　行　　インプレス NextPublishing
　　　　　〒101-0051
　　　　　東京都千代田区神田神保町一丁目105番地
　　　　　https://nextpublishing.jp/
販　売　　株式会社インプレス
　　　　　〒101-0051　東京都千代田区神田神保町一丁目105番地

印刷・製本　京葉流通倉庫株式会社
Printed in Japan

ISBN978-4-295-60227-9

Next **NextPublishing®**
Publishing

● インプレス NextPublishingは、株式会社インプレスR&Dが開発したデジタルファースト型の出版
モデルを承継し、幅広い出版企画を電子書籍＋オンデマンドによりスピーディで持続可能な形で実現し
ています。https://nextpublishing.jp/